U0352671

地坑窑院民居

童丽萍　崔金晶　著

科学出版社

北京

内 容 简 介

地坑窑院民居是依托黄土塬特殊的地形地貌条件所独有的居住形式，仅分布于豫西、陇东、陕西渭北、山西运城等地区。距今已有几千年的历史，是中国民间建筑的奇迹。

为了方便读者比较全面地了解地坑窑院这种奇特的民居，本书通过文字、照片、自绘图、三维模型图、复原图、现场实测数据、数值模拟分析和营造原理解剖相结合的方式，系统地研究了民间营造的内在规律和充满智慧的传统建造技术；多方位探讨了地坑窑院民居的历史价值、生态价值和科学价值，挖掘了地坑窑院民居营造技艺的科学性和合理性，揭示了地坑窑院在役百年甚至数百年而不坍塌的力学原理和结构奥秘。

本书可作为建筑师、结构师、建筑史学工作者、文物工作者研究传统民居的参考文献，也适合高等学校传统民居、乡土建筑研究方向的本科生、研究生和广大游客阅读、收藏。

图书在版编目（CIP）数据

地坑窑院民居 / 童丽萍，崔金晶著. —北京：科学出版社，2019.11
ISBN 978-7-03-061170-3

Ⅰ．①地… Ⅱ．①童… ②崔… Ⅲ．①窑洞-居民-研究-中国
Ⅳ．①TU241.5

中国版本图书馆CIP数据核字（2019）第086932号

责任编辑：任加林 / 责任校对：王万红
责任印制：吕春珉 / 封面设计：东方人华平面设计部

科学出版社出版
北京东黄城根北街16号
邮政编码：100717
http://www.sciencep.com

三河市骏杰印刷有限公司印刷

科学出版社发行 各地新华书店经销

*

2019年11月第 一 版 开本：787×1092 1/16
2019年11月第一次印刷 印张：21
字数：480 000

定价：180.00元
（如有印装质量问题，我社负责调换〈骏杰〉）

销售部电话 010-62136230 编辑部电话 010-62139281（BA08）

前言

地坑窑院民居是在平缓的黄土塬上垂直向下挖一个方形或长方形的地坑，形成四壁闭合的地坑，然后从地坑四壁凿挖窑室而形成的窑洞民居形式。地面以上看不到任何屋脊瓦舍，只能看见从地坑窑院中生长出来的茂密树木。这种"见树不见村，见村不见房，闻声不见人"的居住形态是地坑窑院民居所独有的，被誉为"地平线以下的村庄"。

地坑窑院民居在建造方式上较少破坏地面植被和自然风貌，巧妙地融于自然之中，最大限度地与黄土大地融合在一起，安静地、亲和地与自然相拥，"虽由人作，宛自天开"，充分展现着人类创造活动与自然环境之间的和谐统一。地坑窑院利用原状土体作为窑壁、窑顶，洞口墙和火炕也是用土坯砌筑而成的，当窑院坍塌废弃后可迅速归于自然，或垫坡填坑，或用于耕种。地坑窑院民居具有冬暖夏凉、保温隔热、自我调节微气候等特性，在满足人们生活需求的同时，几乎不消耗传统能源，是一种原生态的能源自维持住宅。

地坑窑院民居的建造与"添砖加瓦"的营造模式相反，所有庭院和居室等建筑空间都是在黄土塬的"无限体"中以"掏"的方式营造的。其结构体系完全由挖凿成型的纯原状土拱作为窑洞的自支撑体系，没有栋梁支撑，也没有其他支护，但能够居住百年甚至数百年而不坍塌。地坑窑院民居的营造没有经过力学性能的理论分析和科学计算，构筑尺寸没有进行正规设计；其巧妙的构筑技术、宝贵的建筑经验、严谨的营造工艺，数千年来大多以口传心授的方式在民间工匠中代代流传和演进，很少见于文字，但已成为地坑窑院聚集区"约定俗成"的准则和规范，形成了具有鲜明地域特色和民间营造智慧的传统建造技术体系。

地坑窑院民居独特而完整的传统建造技术沿用至今，未曾间断，是非常宝贵的建筑文化遗产，显露出中国传统匠人的建造智慧及思想内涵。然而，随着近年来地坑窑院民居急速地泯灭和消失，代代相传的民间营造工艺和技术不再被视为家传技艺。由于没有文字记载，随着窑居区老窑匠的相继离世，地坑窑院的营造技艺也随之处于濒危状态。因此，其建造技术的系统整理和民间营造科学价值的深入挖掘显得尤为迫切。而目前对于系统梳理地坑窑院民居民间营造技艺并有深度地研究地坑窑院民居存在合理性和科学性的论著尚不多见，这正是作者撰写本书的初衷。

作者带领研究团队在国家"十一五""十二五"科技支撑计划、国家自然科学基金等课题的支持下，历经 14 年，深入地坑窑院民居村落，走访了几十个村庄、上千户农家，完成了近千份调查问卷，实地测量了上百座窑院，取得了大量的第一手资料，完成了地坑窑院民居民间建造技术的系统梳理；并在课题经费的支持下，建立了 3 个热环境长期监测基地和 4 个结构安全性提升示范基地，用现代科学方法深层次地探讨了地坑窑院存在的科学价值和民间营造技艺的科学性，取得了一系列有价值的研究成果。本书所呈现的正是课题组多年研究所积累的成果。另外，本书还引入了大量的图像说明问题，除各类实景照片、测绘图和透视图外，还以各种三维模型图、三维剖切图对窑居进行剖析，为读者展示出一般情况下无法观察到的细节。三维复原模型图的应用再现了多处业已损毁的窑居，增强了读者对地坑窑院民居完整性的阅读。

本书共7章，第1章论述了地坑窑院民居的由来、历史沿革和定位方式；第2章梳理了传统营造中地坑窑院民居的构成要素，包括窑院的空间布局、窑室的布置和入口门洞的方位和形式；第3章、第4章系统整理了地坑窑院民居民间营造技术体系和"约定俗成"的建造准则，既包括相地和方院子，下院子和打门洞，打窑、剔窑和泥窑，砌护崖檐和扎拦马墙，建立给排水系统，盘炕和打灶等工序的建造流程，又包括崖面、窑口、入口门洞、门窗、护崖檐、拦马墙、地面、吊顶、天棚等严谨细腻的细部构造；第5章探讨了地坑窑院民居特有的既丰富又简洁的装饰艺术；第6章以实地结构检测为基础，建立了计算分析模型，采用数值分析方法研究了地坑窑院民居结构受力的合理性和科学性，揭示了地坑窑院民居在役百年甚至数百年而不坍塌的科学原理；第7章通过对现场极端气候条件下室内外热环境监测及对监测结果的分析，科学地论证了地坑窑院民居冬暖夏凉、保温隔热等生态优势。

本书由童丽萍、崔金晶著。童丽萍负责设计全书的架构和最终的审定工作，具体负责前言、第1章、第3章、第6章、第7章内容的撰写，并对全书各章节的结构、内容进行修改和统稿；崔金晶负责全书图片的绘制、剪辑、修饰和插入，并负责第2章、第4章、第5章内容的撰写。全书所有实景照片、测绘图、CAD图、三维模型图、复原模型图除注明之外，均由作者及其研究团队绘制。

感谢参与课题实地调研、现场监测、数据分析、数值模拟计算的研究团队成员，他们是赵红垒、刘强、张琰鑫、朱佳音、许春霞、张敏、邬伟进、赵龙、谷鑫蕾、王亚博、刘俊利、曹源、郭平功、柳帅军、刘瑞晓、刘源、陈瑞芳、李姣姣、魏素芳、宋淑芳、李建光、任玲玲、刘超文、唐磊、李聪、祝红丹、聂平、蒋浩、张枫等。感谢参与地坑窑院民居现场拍摄、实地测绘、模型图绘制工作的同学，他们是万一宏、王博询、惠玉冰、吴昊、费圳超、王园园、李端仪、邱静静、高宇婷、刘滢浩、张琦、姜灿坤、候智松、霍云飞等。感谢陕州地坑窑院营造技艺非物质文化传承人王来虎先生、王瑞牛先生，陕州澄泥砚非物质文化传承人王驰先生，三门峡市群众艺术馆馆长员更厚先生，陕县文化馆原馆长尚根荣先生，晋陕豫黄河金三角摄影家协会副主席许春莉女士，北营村民俗文化园负责人马迈方先生。感谢庙上村、窑底村、人马寨村等地坑窑村落的村干部和村民朋友们在实地调研和现场监测过程中提供的帮助。

由于作者水平有限，书中难免存在不足之处，敬请各位读者不吝斧正！

作　者
2018年10月

目 录

第1章
中国民间的建筑奇迹

在豫西黄土塬上，一座座奇特的地坑窑院星罗棋布。这些布局在黄土高原平坦塬面上的"地下四合院"，构筑了世界上独一无二的地下村落景观。"进村不见房，树冠露三分，院子地下藏，窑洞土中生"的地坑窑院，是人类"穴居"发展演变的实物见证，是根植于泥土中的民间建筑奇迹，也是中华民族发展历史进程中在黄土大地上刻有深深烙印的符号（图1.1～图1.4）[1]。

图1.1　地坑窑院冬季航拍图

图 1.2   地坑窑院村落航拍图（（日）八代克彦摄）

图 1.3   河南省三门峡市陕州区张汴乡西过村地坑窑院航拍图

图 1.4 河南省三门峡市陕州区西张村镇庙上村地坑窑院航拍图

1.1 地平线以下的村庄

地坑窑院民居是在平缓的台地上（黄土塬上）垂直向下挖一个方形或长方形的地坑，形成四壁闭合的地下四合院，然后从地坑四壁凿挖窑室而形成的窑洞民居形式（图 1.5 和图 1.6）。

在地坑窑院聚集的村落，建筑单体是地平线以下垂直和水平方向的二维延伸，所有空间在土体中形成，人们居住于土体之中。一个"标准单元体"就是一座窑院，各个单体窑院沿地下垂直方向和水平方向有序地延伸形成了村落空间肌理，形成了没有建筑的建筑空间。地面以上看不到任何屋脊瓦舍，完全没有"体"的形式，有的只是从地坑窑院中生长出来的茂密树木。这种"见树不见村，进村不见房，闻声不见人"的居住形态是地坑窑院民居独有的，被誉为"地平线以下的村庄"（图 1.7）[2]。

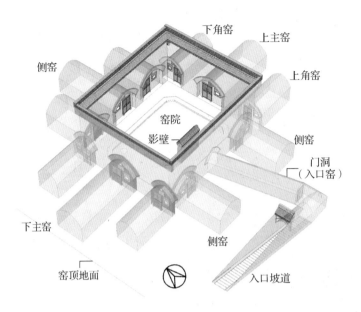

图 1.5　地坑窑院民居示意图

图 1.6　地坑窑院民居的实景图

一个个地坑窑院聚起来,形成了凹在地平线下的地坑窑院村落。广则星罗棋布,蔚为壮观;小则曲径通幽,一院一世界。小村有十几户、几十户人家,大村则有上百户、成千户人家。世世代代,鸡黍桑麻,绵延不断。院内栽植乔木果树——春天,花开满院,蜂飞蝶舞;夏日,荫翳蔽日,纳凉避署;秋时,果满树,粮满仓;冬日,白雪皑皑,银装素裹。凡此种种,营造了地坑窑院舒适、幽静、唯美的居住环境。

图 1.7　黄土塬上的地坑窑院 (员更厚摄)

同一院内,有数孔窑洞,可一代二代同住,也可三代四世同住,儿孙满堂,其乐融融。窑洞的形式,依居住者的各种需要有大有小,有高有低,有宽有窄;窑内陈设,则依生活、卫生、风俗、贫富等习性差异,或简或繁,或多或少,或传统或现代,因人因家而异。柴米油盐,吃喝拉撒,春种秋收,婚丧嫁娶,迎来送往,高堂弄怡,繁衍生息,此一院皆可矣!

在这里,原始与现代、文明与落后、生存与消亡、简单与复杂、物质与文化并存,中华文明传承的脚步不停,脉络不断,香火不灭。地坑窑院的存在,拉近了古人和今人的距离。当看到这古拙、朴实、深厚的建筑,抚摸刻满岁月皱褶的黄土塬壁时,如同凝视着目光深邃的历史老人,仿佛在与古人进行文明的对接。

千百年来,地坑窑院民居巧妙地融渗于自然之中,最大限度地与黄土大地融合在一起,充分地保持了大自然生态的原貌,安静地、亲和地与自然相拥,"虽由人作,宛自天开",充分展现着人类创造活动与自然环境之间和谐统一。正如建筑学家荆其敏、张丽安在《中外传统民居》中所阐述的:地坑窑院是建筑生根于大地的典型代表,其自然风格与乡土气息充分体现了敦厚朴实的性格,乡村住宅应寓于大自然之中,好像是大自然的延续 [3]。

地坑窑院是华夏民族历史悠久的宅居建筑形式之一,也是黄土高原居民世世代代宁和、朴素的安居之所,对人类居住文化史上的贡献是不言而喻的。即使到了今天,仍有数千人居住在窑洞中,人们对于自然的亲昵和原始"土"文化的依赖是根深蒂固的。

1.2　黄土塬孕育的奇特民居

1.2.1　黄土

　　黄土是地坑窑院的载体和襁褓，黄土的性质和窑洞有着密不可分的关系。中国的黄土，无论是从数量上还是体积上，都堪称世界之最；由黄土堆积而成的黄土高原，无论是从面积上还是厚度上，在世界上都是独一无二的（图1.8）。

图1.8　黄土高原地貌

　　黄土的学术定义是指在地质时代第四纪早更新世晚期形成的土状堆积物，据考证距今已有120万年的历史。

　　黄土的形成有多种假说，被誉为"黄土之父"的刘东升先生，提出了"风成堆积说"[4]。风成堆积说认为黄土高原原是硕大而干燥、寒冷的草原盆地，而在其西北方的中亚、蒙古的戈壁荒漠中，机械性的剧烈风化使岩石碎裂。如此反复粉碎、磨擦、搬动，逐渐碎成石块，进而粗砂，又进而细砂，再进而粉尘。强大的西北季风向东南狂吹，裹携着粗细不等的沙尘遮天蔽日地向东南而行，颗粒大而重者在近处落下而形成浩瀚的沙漠；小而轻的粉尘飘逸更远，直至受到秦岭等高山的阻挡，风力减弱，才纷纷落下，覆盖在现今黄河中游的高原上。如此年复一年，日积月累，形成了今日黄土高原上的黄土层。黄土层经过百万年的发育，形成了土质均匀、连续分布、垂直机理良好、完整统一的地表覆盖层。覆盖层厚度在50～300m。

　　黄土层在世界各大洲都有分布。据统计，世界上黄土层总面积占到世界陆地面积的9.3%，中国的黄土面积高达64万km²，约占世界黄土面积的一半，居世界之冠。这片黄土，纵横上千公里、厚达数百米，东起太行山，西至祁连山东端，北到长城，南至秦岭，主要分布在我国干燥寒冷的北方，即北纬33°～47°的广阔地带。

1.2.2　黄土塬

在长达百万年的形成过程中,黄河谷地承袭了千姿百态的地貌变迁,由于河流汇集、自身重力、风侵雨蚀、循坏冻融等复杂的作用,谷地两岸形成了塬、梁、峁、岭、涧、岗地、丘陵等各种地貌。

黄土塬是黄土地区边缘陡峭、顶上平缓的台状地貌(图 1.9),其面积最大也最为典型(图 1.10)。它是平坦的古地面经黄土覆盖而形成的,是黄土高原经过沟谷分割后保留较完整的高原面,侵蚀作用微弱,且塬面平坦,平面平均坡度在 5% 以内。但塬的边缘被水流及边坡重力侵蚀严重,形成了沟谷环绕、塬边陡峭、参差不齐的地貌特征。

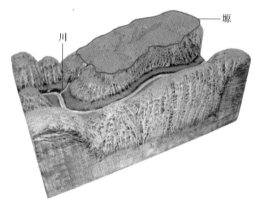

图 1.9　黄土塬地貌示意图

图 1.10　黄土塬

黄土梁是长条状分布的黄土岭,梁长一般可达上千米,宽几十米到几百米,梁顶宽阔,略有起伏,呈鱼脊状往两面沟谷微倾(图 1.11)。

图 1.11　黄土梁

黄土峁是孤立的黄土丘陵地形,它是黄土梁被侵蚀切割后的蚀余部分,其面积大小不一,主要有圆形和椭圆形。若干连在一起的峁,称为峁梁,也称黄土丘陵(图 1.12)。

图 1.12　黄土峁

1.2.3　黄土塬上的地坑窑院民居

在我国，地坑窑院民居主要分布在豫西、晋南、渭北、陇东等北方黄土地区，且主要集中于黄土塬上[5]，包括陕西省的铜川市耀州区、长武县、富平县、彬州市、旬邑县、永寿县、淳化县、泾阳县、乾县、三原县、礼泉县北，山西省的运城市、平陆县、芮城县、兴县，甘肃陇东的庆阳镇原县、泾川县，河南省的三门峡陕州区、巩义市、洛阳市。但随着经济的发展，大部分地区的地坑窑院均被填埋，时至今日，河南省三门峡市陕州区成为地坑窑院现存数量最多、保存最完整的区域。

三门峡盆地南侧的河南省灵宝市、陕州区等地是黄土塬典型的分布区。

自潼关向东到崤山东麓 150 多 km，共分布 20 多个大大小小的塬，小的有几平方千米，大的有 300 多 km²。它们北侧接黄河阶地，南接山麓，两侧被河水切割成的一条条冲沟，形成了高出阶地 80～150m 的黄土陡崖，其上部坡度平缓，土壤厚实，塬面平坦。其中，以陕州区的陕南塬为最大，它是由张汴塬、张村塬、东凡塬组成的（图 1.13）。

三大塬区均自山体向下自然延伸、坡势平缓、区域广大，黄土层堆积深厚，一般在50～150m。三大塬被苍龙涧河和青龙涧河自然分割，自西向东依次为张汴塬、张村塬、东凡塬三道塬，塬面的海拔从高到低依次排列，三道塬中地势最高的为张汴塬，最低的为东凡塬。地坑窑院多集中分布在三大塬区，最大的塬区上有近百个村庄（图 1.13）。

地坑窑院民居就是以黄土塬为台地，就地挖坑，深潜塬下，凿土为居的。可以说，只有依托黄土塬这种特殊的地貌条件，才可能创造出地坑窑院这种奇特的民居（图 1.14）。

黄土塬上的黄土层中的矿物质成分有 60 多种，以由石英构成的粉砂为主，占总重量的 50% 左右。因此，黄土层是以粗颗粒为骨架又以细颗粒为填充料组成的聚合物，以多孔为特征，具有构造质地均匀、颗粒细小、黏性好、抗压抗剪强度较高等特点。此外，还具备良好的结构整体性、稳定性和适度的可塑性[6]。

黄土层中常常存在的古土壤层对生土窑洞的受力是有利的。古土壤层中含有薄层钙质结核（形似食用生姜），俗称料姜石（图 1.15），这些料姜石还会形成自己完整的发育剖面，聚集大量碳酸钙并胶结成大小不等、形态多样的钙质结核层（俗称姜石棚）。

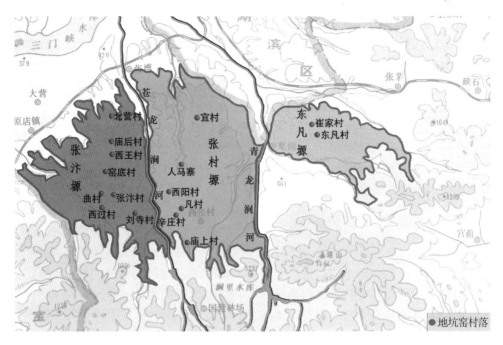

图 1.13 地坑窑院在陕州区三大塬上的分布图

图 1.14 地坑窑院民居（员更厚摄）

图 1.15 料姜石

料姜石与黄土母质层相比，其抗压抗剪强度更高，如选择在姜石棚下开挖窑洞，拱顶上的姜石棚类似于梁架结构中的梁、檩、椽，会大大提高窑洞的坚固程度，增加土拱肩的承载能力，提高窑洞的抗震能力。这就是有些地坑窑院位于塬面以下很浅的位层，却能在窑背上打场、作公路的缘由。正如民谣中所说："风雨不向窑中入，车马还从屋上过。"在料姜石层下，是地坑窑院窑址理想的选择。

黄土拥有良好的渗水性和透气性，便于挖洞又不易倒塌。其中，粗颗粒矿物质由于物理性质稳定，遇水极少变化，成为土体的骨架，起支撑作用。但其中的细颗粒矿物质一旦遇水则分散，土体易分解，使土体体积压缩，出现空隙、裂纹以致塌陷，加上黄土垂直节理特性很容易造成陷穴。根据这个特点，窑址通常选在排水通畅和地下水活动较少的地段和层面。

黄土塬地区，特别是地坑窑院集聚的豫西地区，属暖温带大陆性季风气候，四季分明，有利于当地土壤保持干燥和坚固。该地区水资源主要来源于大气降水，年平均降水量仅为550mm；地下水位较低，一般在30m以下，这些为形成"深潜土塬、四壁凿洞"的地坑窑院民居提供了得天独厚的条件。这里十年九旱，降雨量偏少，很少有大暴雨发生，即使偶遇洪涝，塬上周边环绕的沟壑也会很快将雨水排走，一般不会殃及地坑窑院（图1.16）。

图1.16　张村塬庙上村凤凰沟

地坑窑院民居是面朝黄土背朝天的先民承袭祖先的穴居方式的基础上，利用黄土的特性，在数千年的漫长岁月里将单纯的栖身洞穴逐步完善为居住形式的精美窑居。地坑窑院民居是黄土高原自然条件下的产物。

1.3　地坑窑院民居的历史沿革

《孟子·滕文公》记载"下者为巢，上者为营窟"，意为在地势低洼潮湿的地段作巢居，地势高亢燥爽的地段作穴居。这是合乎实际的，而且已为考古发掘所证实。对于地势低洼的沼泽地带来说，巢居以其特有的优越性，成为这一类地区原始建筑的主流。然而对于地势高亢的黄土地域，地下水位较低，防潮比较容易处理，营造穴居更为便利，因此穴居成为黄土地带原始居住建筑的主要形式。《礼记·礼运》记载："昔者先王未有宫室，冬则居营窟，夏则居橧巢。"意为过去的统治者在没有宫室可供居住时，冬天住在用土垒成的穴中，夏天则住在柴薪造成的巢形居所。由此可见，巢居和穴居是原始建筑最初的两种形态（图 1.17 和图 1.18）。

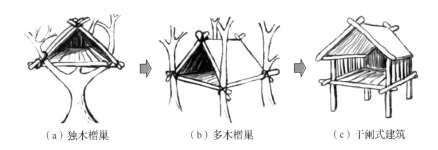

（a）独木橧巢   （b）多木橧巢   （c）干阑式建筑

图 1.17　巢居建筑的发展

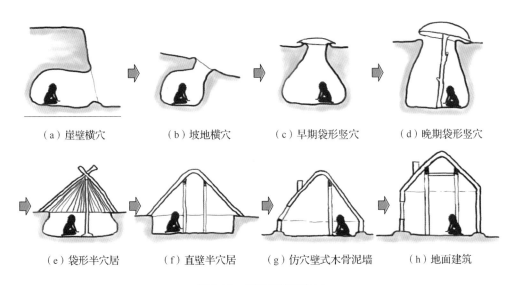

（a）崖壁横穴　　（b）坡地横穴　　（c）早期袋形竖穴　　（d）晚期袋形竖穴

（e）袋形半穴居　　（f）直壁半穴居　　（g）仿穴壁式木骨泥墙　　（h）地面建筑

图 1.18　穴居建筑的发展

穴居，《易·系辞》曰："上古穴居而野处。"原始人类的出现，距今有 200 万～300 万年。在我国境内发现的古人类遗址中，最早的是北京周口店周口猿人——北京人居住的天然山洞。其中，旧石器时代原始人居住的岩洞在北京、辽宁、贵州、广东、湖北、江西、江苏、浙江等地都有发现，这些天然生成的洞穴是当时人类用作住所的一种较为普遍的方式。

进入氏族社会以后，随着生产力水平的提高，房屋建筑也开始出现。但在环境适宜的地区，穴居依然是当地氏族部落主要的居住方式，只是人工洞穴取代了天然洞穴，形式日渐多样且更加适合人类的活动。黄河流域有着广阔而丰厚的黄土层，土质均匀，含有石灰质，有壁立不易倒塌的特点，为穴居的发展提供了有利条件，且非常适合横穴和袋型竖穴的制作。因此，原始社会晚期，在母系氏族公社进入以农耕经济为主的社会阶段后，提出了定居的要求，在竖穴上覆盖草顶的穴居成为这一区域氏族部落广泛采用的一种居住方式。同时，在黄土沟壁上开挖横穴而成的窑洞式住宅，也在山西、甘肃、宁夏等地广泛出现，其平面多为圆形，和一般竖穴式穴居并无差别。山西、河南等地还发现了"地坑式"窑洞遗址，这正是至今在河南三门峡陕州区仍被使用的地坑窑院民居的前身。随着原始人营建经验的不断积累和技术的提高，穴居从竖穴逐步发展到半穴居，最后又被地面建筑代替。地坑窑院起源于人类穴居发展的晚期，采用了类似于原始人类"袋形竖穴"[7]的减法构筑方式，在袋形竖穴的基础上，以地下横穴为基本单元，结合中国传统民居单进四合院的空间形态，形成了黄土塬上特有的地下四合院民居形态（图 1.19），是人类穴居建筑形态的活化石。

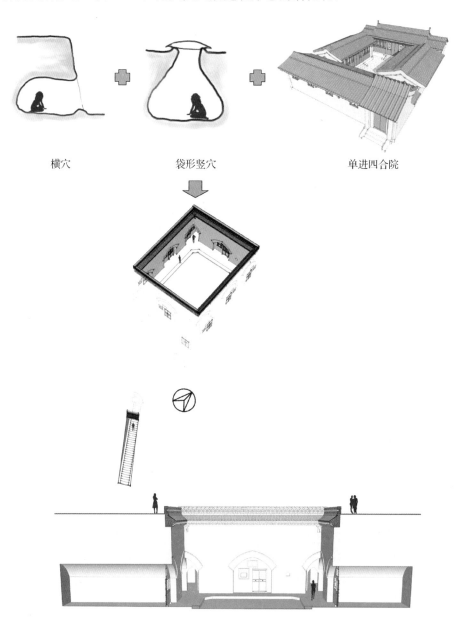

横穴　　　　　　　袋形竖穴　　　　　　　单进四合院

图 1.19　地坑窑院民居模式分析图

仰韶文化是以 1921 年在河南三门峡市渑池县仰韶村的首次发现而命名的，它揭开了中国新石器考古事业的新篇章。后来又陆续在陕州古城南的庙底沟发现仰韶文化中期（也称庙底沟文化类型）和龙山文化早期（庙底沟二期文化）的遗址。一期位于下层，为仰韶文化遗存，命名为仰韶文化庙底沟类型；二期在上层，属仰韶文化向龙山文化过渡性质的遗存，命名为庙底沟二期文化。

　　在庙底沟仰韶文化遗址发现，庙底沟类型的房子是半地穴式的，屋内有一处保存火种与取暖用的圆形火塘，四周墙壁用木柱作骨架，外边敷一层草拌泥的墙壁[8]，门前有斜坡式或螺旋上升式的狭窄门道，跟现今保存下来的地坑窑院中的入口坡道形式有几分相似。在遗址中，窑穴十分密集，尤以房址附近最为集中。窑口呈圆形或椭圆形，口径 2 ～ 3m，深 1 ～ 2.5m，多数用于储藏粮食，少数作为墓穴（图 1.20）。陕州区现存的地坑窑院中都有的红薯及萝卜窑与其做法十分相似。庙底沟类型的彩陶已处于仰韶文化彩陶工艺的盛期，出土彩陶数量较多，多为红底黑花，颜色黑多红少。这样的颜色搭配在地坑窑院中黑底红边的门窗上也非常普遍。另外，庙底沟类型比较典型的陶器除了日常生活中所使用的盆、钵、瓮、罐、瓶之外，还有陶灶（图 1.21）。在今天地坑窑院居民家族中留存的手工单口泥灶形态与其十分相似，如陕州区人马寨村中现用单口三足灶（图 1.22）。

图 1.20　庙底沟房址遗址

图 1.21　庙底沟出土陶灶

图 1.22　陕州区人马寨中现用单口三足灶

图1.23 木骨泥墙房屋复原图

在庙底沟遗址发现的一座圆形房址，为袋状竖穴，底径为2.7m。室内居住面先铺草泥土然后抹白灰，光滑平整。面对屋门的墙角处挖筑了一个龛形壁炉。室内中部偏北有一个大柱洞，周围填碎陶片和草拌泥，以使立柱牢固。竖穴坑口周围还有一圈柱洞，以便筑起木骨泥墙。东边是出入的台阶形窄门道。复原后是一座尖锥形屋顶、半地穴式的圆形房子（图1.23）。

在庙底沟仰韶文化遗址，人们发掘出了用于翻土、挖土的石锄、石铲，特别是磨制的大型舌形或心形的石铲，为这种地穴式建筑的挖凿提供了较为先进的工具。在庙底沟二期文化（龙山文化）遗址中出土了一种新的挖土工具——双齿木叉形木耒（图1.24），遗址的灰坑壁上就留有这种工具的痕迹。

耒，是一种原始的翻土工具，相当于后世的犁。在我国古籍中有"跖耒而耕"的说法，意即手握着耒，脚踩着耒下端横绑的短木，把耒尖插入土中，翻动土层（图1.25）。仰韶文化时期人类经营原始农业，所使用的工具主要是石斧、锄、铲之类。在平坦的塬面上，没有冲沟、崖地可以利用，在这种情况下，人们用这些工具，建造了最原始、最具特点的挖坑凿洞、潜掩地下的居所。另外，在陕州区发现的仰韶文化遗存还有陕塬上的小南塬、庙上村，人马寨、窑头等仰韶文化遗址，且考古发现的居穴、灰坑、窖穴、陶窑、墓穴等都呈现地坑形态。综上所述，可以推测地坑窑院的源头大约在仰韶文化时期。

图1.24 双齿木耒

图1.25 木耒的使用

2006年7月三门峡市文物考古研究所在三门峡经济技术开发区发掘出一座结构独特的民居汉墓（图1.26）。这座汉墓呈U形，墓葬有300多 m²，全部用青砖砌成，墓顶为穹窿形，结构是一个完整的院落，分前室、中室、后室、侧室和耳室5个室，其前室左侧有一口象征性的小水井，右侧有一只陶狗和数只陶罐，其外有墓道和封门。这座汉墓是根据主人生前的生活方式建造的，墓的前室作祭祀用，中室相当于现在的客厅，后室埋葬主人，侧室和耳室储藏殉葬品。从地面向下看，跟现存的陕州区地坑窑院非常相似，这座墓的年代应在西汉晚期至东汉早期之间，距今约有两千年的历史[9]。

图 1.26　考古发掘的居民汉墓

对于地坑窑院民居最早的文字记载可见于南宋绍兴九年（1139 年）朝廷秘书少监郑刚中所著的《西征道里记》。书中记载他去河南、陕西安抚，路过豫西一带时，"自荥阳以西，皆土山，人多穴居"，并介绍了当时修建窑院的方法，"初若掘井，深三丈，即旁穿之"，同时人们在窑洞中"系牛马，置碾磨，积粟，凿井，无不可者"。这些记述为地坑窑院的历史提供了有力的文字佐证[10]。

河南省三门峡市陕州区西张村镇窑头村处于张村塬的中心地带，村中 95% 的民居为地坑窑院。据该村曹氏族谱记载："洪武年间避大元之乱，由山西省洪桐县曹家川迁到陕县南塬窑头村"，这说明窑头村的地坑窑院已有七八百年的历史。

地坑窑院建设最兴盛的时期是在 20 世纪 50 ～ 80 年代。利用现成的黄土资源和自家的劳动力，请村里的亲戚朋友一起在农闲时进行开挖建造，一般花一年半载的时间便可完成。一座地坑窑院仅用少量的木材制作门窗这样的小木作，所以建造成本非常低廉。在 20 世纪 50 ～ 80 年代的人口政策影响下，每户平均有五个子女，地坑窑院能够解决一个大家庭好几代人的居住问题。另外，当地村民们种植的小麦和玉米，收割后需要大面积的打场晾晒空间，地坑窑院的地面场地便被充分地利用起来，从而提高了每户宅基地垂直利用率。因此，这种民居形式广受欢迎。当时一座千人的村庄，政府每年最多审批建造七八座地坑窑院，今天陕州区现存的地坑窑院绝大多数是在那个时期建造的。

20 世纪 90 年代后，政府不再审批建造地坑窑院。2000 年之后，随着经济的发展，人们的生活方式也在转变，旧时的三世甚至四世同堂的，以及几户人家的聚居模式逐渐转变为核心家庭各自独立的居住模式。此外，由于大部分地区的机械化农业生产代替了手工打场，窑顶空间大多被闲置，这种合院式的地坑窑院民居被认为占地过大［大的 12 孔窑一般会占用 2 亩（1 亩≈ 666.7m²）地］而不再建造。

此外，传统地坑窑院民居还存在着"致命"的弱点，如交通不便、公共设施缺乏、窑居室内通风采光不足、潮湿阴暗、土体结构安全性差等。由于这些缺陷长期没有得到科学妥善的解决，不能适应现代化生活的需求，村民们纷纷搬进了窑顶地面上新建的房屋，原有的窑院仅用来养家禽和堆放杂物。许多地方把"弃窑建房"看成"脱贫致富"的标志。特别是在政府"退宅还田"政策的影响下，陕州区三大塬上的窑院被大面积地填埋。目前，除少数地坑窑院村落如庙上村、北营村及曲村得到了一定的保护和利用之外，其他被废弃的地坑窑院处于自生自灭的状态。直至今日，地坑窑院民居的破坏越来越严重，保存完好的数量也越来越少。

沿续几千年的地坑窑院民居正面临着严峻的挑战，祖辈流传下来的地坑窑院民居建造智慧和经验正面临着快速地被抛弃、被遗忘的困境。地坑窑院民居正在因迅速地泯灭与消失而面临濒危，其营造技艺也随着传统匠人的离世而逐渐失传，这种消失与失传象征着这种千年居住文化的正在失传。

张汴塬典型村庄地坑窑院保存情况统计表如表 1.1 所示。

表 1.1　张汴塬典型村庄地坑窑院保存情况统计表

村庄	人口	现存地坑窑院数量 / 座	建造年代	建筑现状
窑底村	1 329	87	大多建于 20 世纪 20 年代，少量于 20 世纪 60 年代建造	地坑窑院整体保存较好，成片分布，多数仍在使用
北营村	928	80	地坑窑院建造年代较早，大多数有上百年历史	地坑窑院成片分布，整体进行开发利用
西王村	1 048	96	多建于 20 世纪 60 年代，少数建于 20 世纪 20 年代	多数地坑窑院保存较好，部分窑院废弃或无人居住
张汴村	2 000	119	多建于 20 世纪 60 年代	少量地坑窑院保存较好，废弃窑院较多
曲村	1 560	54	多建于 20 世纪 60 年代	政府补贴，全部地坑窑院重新整修
西过村	980	52	多建于 20 世纪 60 年代	少数地坑窑院保存较好，废弃窑院较多
庙后村	998	56	多建于 20 世纪 60 年代	地坑窑院整体保存较差，多数废弃

1.4　地坑窑院村落的布局与选址

1.4.1　地坑窑院村落的布局

大多数地坑窑院村落形态呈不规则状，两面或三面临沟。村落中的地坑窑院或成排、或成行、或散点地分布在村落相对平坦的塬面上，在沿沟或坡边上多为少量靠崖窑（图 1.27）。

图 1.27　地坑窑院村落及周边沟壑

　　村子内的窑顶上少有植被，仅有少量树种零散分布。紧临村落外围分布着农田及果林。在每个地坑窑院村落的中心一般会设置一个水塘作为村内重要的公共空间，村中的小孩会在水边玩耍，大多数妇女会到水塘边洗衣服，有的村落会在水塘底部作防渗处理，采用类似于陕州区三大塬上烧制澄泥砚材料的红泥垫于底部。有的村落设有完整的夯土城墙及城门体系，以防御匪寇的侵袭，如三门峡市陕州区张汴乡窑底村。

　　从图 1.28 中可以看出，20 世纪 20 年代窑底村整体形态较为规整，近似方形，周围有城墙环绕，具有明显的村落边界。规划布局封闭，具有很强的内向性。村落水塘是村民的公共场所。早期的水塘东侧有一座天爷庙，天爷庙前是村民集会、庙会等活动的集聚地。

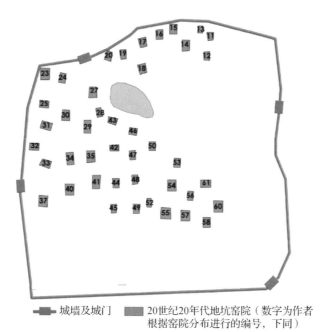

■— 城墙及城门　　■ 20世纪20年代地坑窑院（数字为作者根据窑院分布进行的编号，下同）

图 1.28　窑底村现存窑院与 20 世纪 20 年代土城墙示意图

从整体上看，建筑成点状分布，布局结构较为自由、随意，无规律可循。但村落的形态受到宗族观念的影响，体现出明显的"聚族而居"的结构。例如，村落北边的十多座地坑窑院都是属于马姓人家的。"马"是窑底村最早一批居民的姓氏，也是人数最多的姓。整个家族的建筑围绕着家族里最长者的居住建筑进行布局。窑底村主要有三大姓，分别是马、朱和阴，这三大家族都是聚族而居的。从大量地坑窑院村落窑居的现状分布来看，不同姓氏采用的不同方位的宅院也会按照组团式布局的方式进行规划。早期的窑底村村落空间呈现出明显的以血缘为联系的组团式布局形态。

1.4.2　地坑窑院村落的选址

通过对张汴塬和张村塬的地坑窑院村落的调研，可以看出原始居民在村落选址上所体现的"因天材，就地利"的自然观。塬上各地坑窑院村落的选址都充分考虑了四个重要的因素——水源、防御、耕地和交通。本书以张汴塬窑底村为例，介绍村落选址体现的特点。

1. 紧临沟壑，便于取水与排涝

窑底村选址于两侧临沟塬上的原因主要有两个。

一是靠近水源。在古代，人们选择聚居地的时候，水源是人们需要考虑的主要因素。黄土高原地区水源多分布在沟壑里面，在古代的技术条件下，不可能在塬上打深水井，住在沟壑里或者沟壑附近的居民就近取水成为必然。张汴塬是三大塬中海拔最高的塬面，打井更是艰难。窑底村南侧的沟壑中有丰富的水源，在过去没有水井的时候，村民的日常用水都来自沟壑。

二是防雨排涝。所有的雨水都是依靠自然地形向外排，为了避免暴雨引发地质灾害，一般地坑窑院村落会将基地选址于一面或两面临沟的区域，便于雨水迅速排除。窑底村除了在西面与南面都临沟外，村落中心还有一片水塘。通过访谈得知，由于此处地势较低，雨水便在此处汇集形成水塘，对防雨排涝及雨水的利用起到了一定的辅助作用。

2. 借助地势，利于安全和防御

在过去，由于战乱和匪寇的侵扰，陕州区的村落多选址在沟壑里和塬上的沟壑边（图1.29和图1.30），有的村落还会在周围垒砌起高大的寨墙，防御外敌入侵。据调研，原先窑底村四周筑有一圈高大的土城墙（图1.28），本身就具有良好的防御作用，又将村落选址于西侧和南侧邻沟的塬上，利用地形的优势，更是易守难攻。据当地村民回忆，在抗日战争时期，每当日本侵略者进村扫荡时，村民就会躲进村子南侧的沟壑里面，因此很少受到日本侵略者的侵扰。可见，窑底村的地理优势为村民提供了天然的防护屏障。

3. 地势平坦，耕地充足

窑底村位于张汴塬上，村落基地地势平坦，便于开挖地坑窑院，同时也利于耕种，为村落的发展提供了有利的条件。我国历史上长期处于农耕社会，村里家家户户都要靠耕种才能生存，因此，在村落选址时，需考虑村落附近有可以耕种的农田。窑底村的西面、北面和东面地势平坦，有方便耕作的农田，使当地居民在此聚居成为可能。

图 1.29　两侧临沟的窑底村

图 1.30　南侧临沟的庙上村

4．交通便利

窑底村位于陕州区平塬上，除西面与南面有沟，东面、西面与北面地势平坦，在旧时候，只需走出城门即可抵达周边地区。这样的选址对于今天来说也具有现实意义，318 省道和 022 县道从村落东侧穿过，与陕州区和三门峡市区都有非常便利的交通联系，与张汴乡其他村落可通过乡道相连，对外交通发达，有明显的交通优势（图 1.31）。

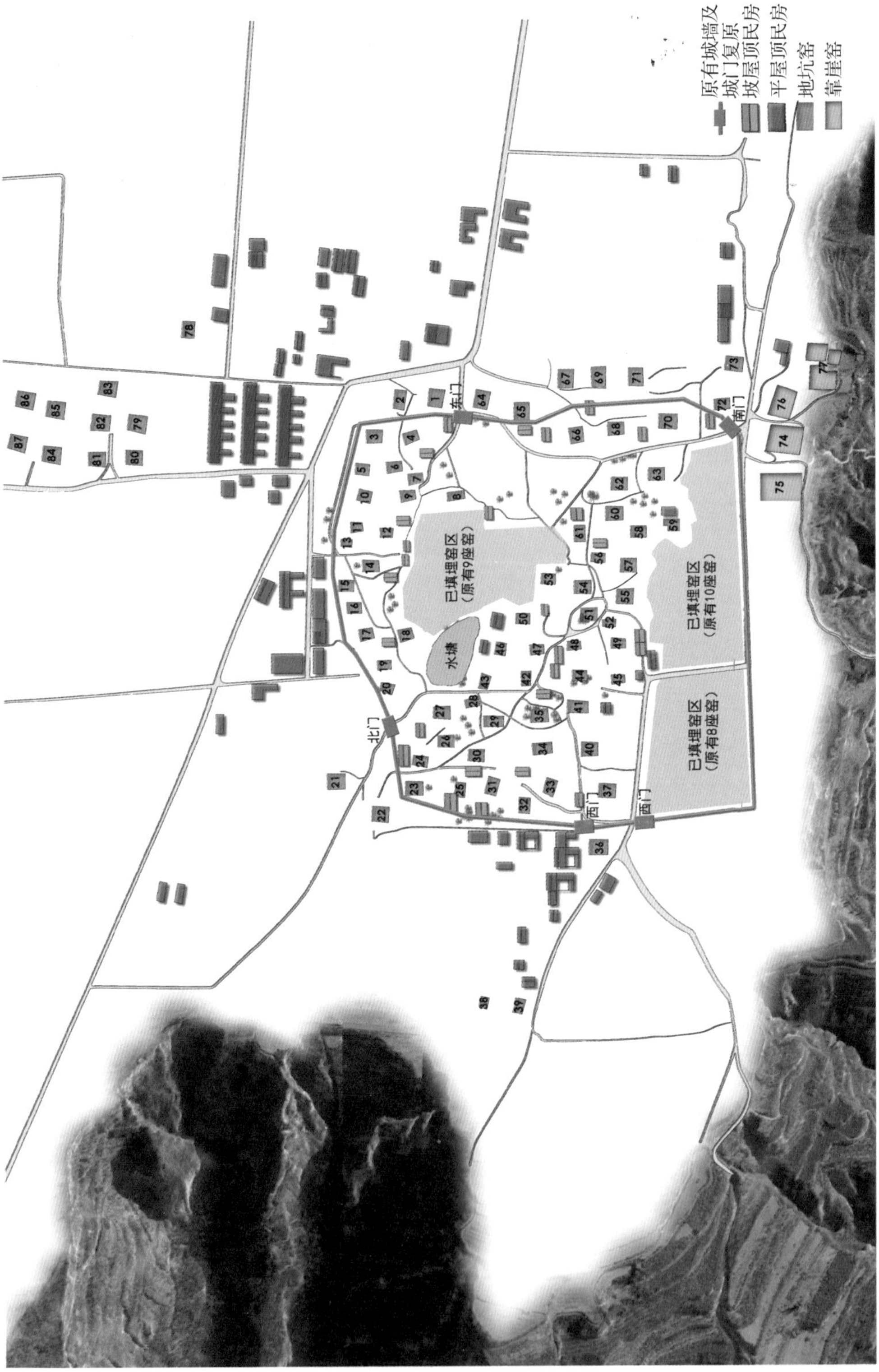

图 1.31　窑底村周边环境及村落现状图

1.5　地坑窑院的定位和类型

1.5.1　地坑窑院的定位

地坑窑院的定位是按照方位确定的。西北为乾，正北为坎，东北为艮，正东为震，东南为巽，正南为离，西南为坤，正西为兑，这八个方向都可以作为主窑的朝向。北坎院包括北东、北西方位；东震院包括东北、东南方位；南离院包括南东、南西方位；西兑院包括西北、西南方位。也就是说，乾、艮、巽、坤按45°对半分，各属于坎、震、兑、离。地坑窑院是由每个区域周围的地形高度和地貌特征决定的，先确定主窑（也称上主窑），要求主窑后有靠山，前不登空。

1.5.2　地坑窑院的类型

地坑窑院中以地势高的方位为主，地势低的方位为次。院子朝向不同，窑的主次位置也完全不同。宅主应占主位，其他成员以长次从高向低排列，次位方向的窑室作为茅厕窑、牲畜窑和杂物窑等使用。

1. 西兑院

西兑院是以西为上的宅院（图1.32）。西兑院上主窑在西；西北窑（上角窑）、西南窑（下角窑）可用于居住；下主窑在东；下主窑为牲畜窑；茅厕窑在东南；东北设入口门洞。

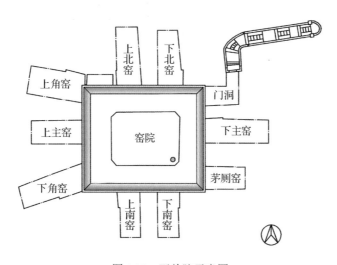

图 1.32　西兑院示意图

2．北坎院

北坎院是以北为上的宅院（图1.33）。北坎院主窑在北；东、西窑可作为居住窑；厨房在东；下西窑为牲畜窑；茅厕窑在西南；入口门洞窑在东南。

3．东震院

东震院是以东为上的宅院（图1.34）。东震院主窑在东；南北两侧窑均可居住；厨窑在东南；牲畜窑在下北窑；茅厕窑在西南；入口门洞窑位于正南。

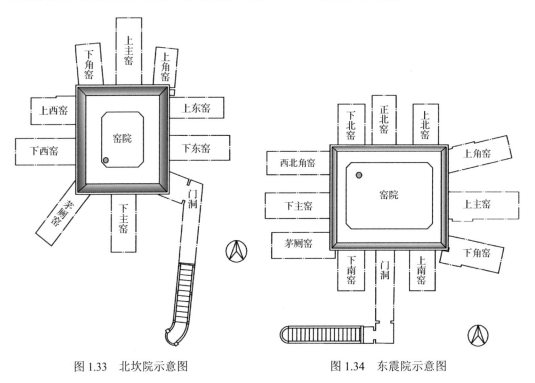

图1.33　北坎院示意图　　　　　图1.34　东震院示意图

4．南离院

南离院是以南为上的宅院（图1.35）。南离院主窑在南；东侧窑洞可居住；厨窑在东南；牲畜窑在下东窑；茅厕窑在东北；入口门洞窑位于正东。

民间营造中无论是哪种宅院，其方位都不是完全的正南、正北、正东、正西方向，一般选择往东南方向一线之偏（1°～2°）。

四种不同方位的地坑窑院，在现存的窑居村都有实例（图1.36和图1.37）。一般情况下，不同主位的地坑窑院呈集中排列，充分利用了村落中不同片区的地形，根据地形来确定地坑窑院的主位。例如，东震宅即主位为东，东面地势最高，拦马墙也最高，窑顶地面东高西低，有利于窑院整体排水。

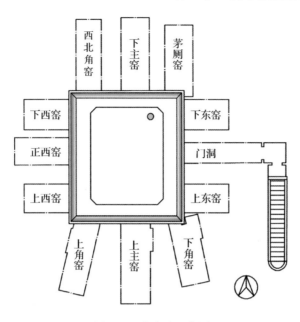

图 1.35　南离院示意图

图 1.36　四种不同方位的地坑窑院在窑底村的分布图

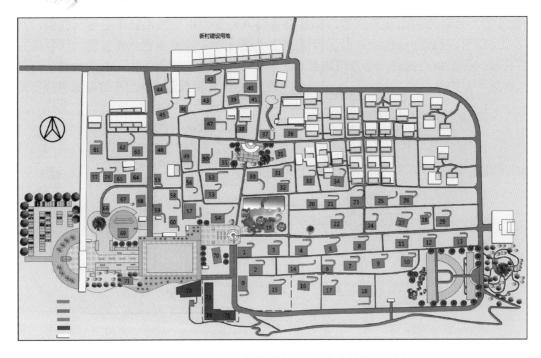

图 1.37　四种不同方位的地坑窑院在庙上村的分布图

第2章
向心有序的空间布局

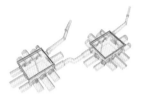

　　地坑窑院民居以垂直下沉的"坑院"或"院坑"为中心组成了一个封闭的庭院空间，沿院坑四壁横向凿挖数孔窑洞形成了各个室内空间，四壁分散的各个窑室面向中央，下沉的窑院将各个窑室联系起来，体现了空间布局的向心性（图2.1）。

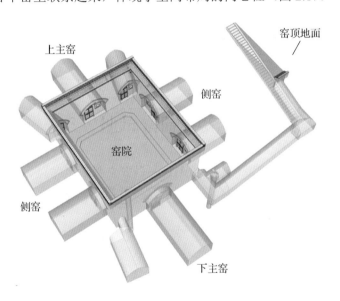

图 2.1　向心有序的空间布局

2.1　地坑窑院的空间构成要素

2.1.1　地坑窑院的空间组织

　　地坑窑院民居利用入口门洞将窑院空间与公共地面空间联系起来。由地面进入地下，按空间使用的公共程度，经过一定的层次流线，将不同的空间组织起来，形成了由公共空间—过渡空间—庭院空间（半私密）—私密空间的渐进层次序列，体现了空间布局的有序性（图 2.2）[11]。

　　入口门洞是连接坑院和塬上地面的交通枢纽。地坑窑院民居由于地上和地下的高差使人们在出入口的设置上采用了坡道的形式。坡道内设置了较长的缓坡，坡道的光线呈现出明—半明—暗—半明—明渐进变化。相比较开阔的地面空间而言，通过缩小入口门洞坡道的尺度，使人们进入到内院时（即使院落并不大），也会眼前豁然开朗。入口门洞通过空间的收放及光线明暗的对比起到了欲扬先抑的作用，构筑了由地面公共空间进入私家院落中心空间的一系列过渡和中介（图 2.3）。

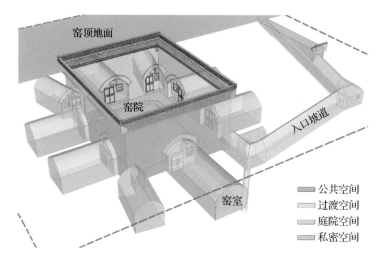

图 2.2　空间层次分析图

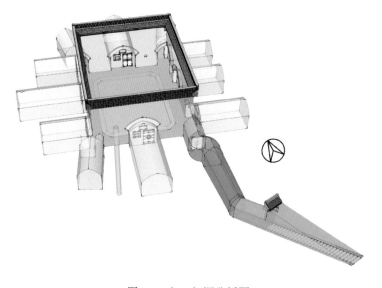

图 2.3　入口门洞分析图

2.1.2　地坑窑院的空间尺度

地坑窑院的大小是根据自家塬面上拥有地面面积的大小（户主宅基地大小）来确定的。地面面积大院坑就大些，地面面积小院坑就小些。窑院的大小同时还受使用人数、窑院方位、窑洞数量及面积等因素的制约。例如，当基地面积一定时，窑院大则用于居住的窑洞的进深较小，窑院小则可获得比较大的窑室空间。但在实际建造的过程中典型地坑窑院的平面尺寸一般为 12m×12m、10m×10m、10m×8m、6m×11m、8m×12m 等（图 2.4）[12]。

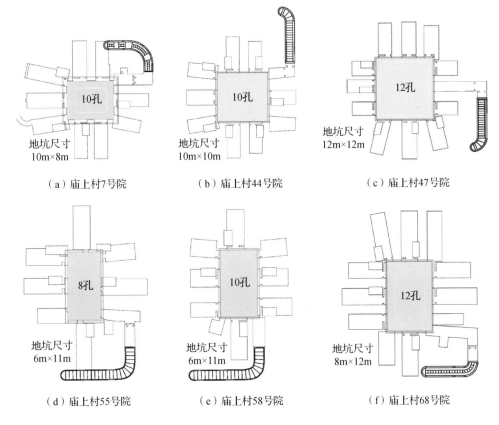

（a）庙上村7号院　　　　（b）庙上村44号院　　　　（c）庙上村47号院

（d）庙上村55号院　　　　（e）庙上村58号院　　　　（f）庙上村68号院

图 2.4　窑院的平面尺寸

地坑窑院的深度与其平面尺寸有关。院坑小则深度要浅一些，可以是 5.0m、5.1m 或 5.2m，这样可以获得比较好的采光效果；院坑大则深度可以适当深一些，但最深不超过 6m（图 2.5）。考虑到居住的封闭性和私密性要求，院坑的平面尺寸与院子的深度尺寸应互相协调。院坑的深度一般取 5.5～6.0m，长高比为 1.8～2.0，宽高比为 1.6～1.8。这样的比例尺度会使窑院空间有比较舒适的封闭感（图 2.6）。

此外，在深度方面，地坑窑院的营建者主要考虑了日照对人们生活的重要影响。在农耕文明占主导地位的时期，地坑窑院的居民依照太阳在窑院内的投影便可以知道具体时间，当早上的太阳开始照到窑院的西墙时，是晨起的时间；当日照阴影逐渐开始下到西坬台之下时，就到了下地耕作时间；下午的时候，当日照阴影开始上到东坬台时，就到了做晚饭时间（图2.7）。

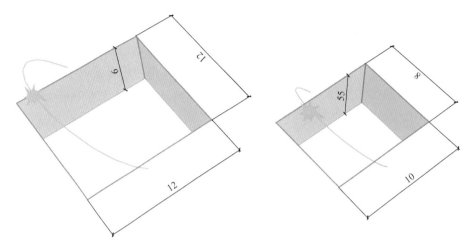

图 2.5　院坑的平面尺寸与深度关系示意图（单位：mm）

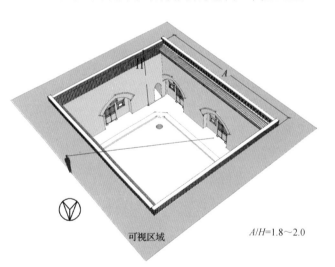

可视区域　　　　　　　　　A/H=1.8～2.0

图 2.6　院坑尺度与视线关系示意图

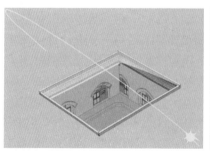

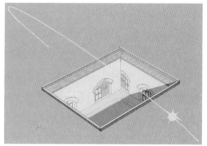

（a）晨起时间　　　　　　　　　　（b）下地耕作时间

图 2.7　地坑窑院不同时间点的日照投影示意图

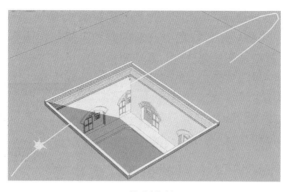

（c）做晚饭时间

图 2.7（续）

2.1.3　地坑窑院的空间构成要素

地坑窑院空间构成的核心要素是窑院、入口门洞、窑室[13]（图 2.8）。

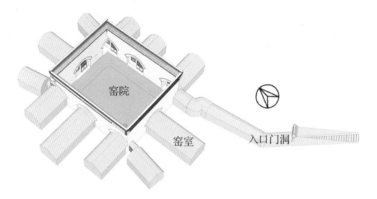

图 2.8　地坑窑院的构成要素

1. 窑院

（1）院内空间

地坑窑院是地坑窑院民居中空间布局的核心。"院"是地坑窑院民居的基本元素，是一个相对封闭的单元。在建造时，人们应首先确定出地坑窑院的方位、大小及与周边院落和道路的关系等。窑院是窑居者的半开放空间，是家人的聚集地。以家族为门户的"一户一院"构筑了窑居者居家生活的空间格局，也创造了一种满足特定精神要求的小天地（图 2.9）。

图 2.9　窑院的生活场景（许春莉摄）

院内栽种的植被主要是树、花草或蔬菜。一些居民会在坪台以下部分种上花草，有的还会种上菜（图2.10）。居民一般会在窑院内种两棵树，两树便可成"林"字，对屋主人来说，象征着吉祥（图2.11）。

图2.10　院内植被

图2.11　窑院内的两棵树

窑院内所栽种的树要避开上主窑和牲畜窑的窑口（图2.12）。

榆树叶形似铜钱，也称金钱树，象征财源滚滚，是窑院居民多选种的树种；桐树生长迅速，能较快成荫，"凤凰无桐木不栖"寓意将桐树种在院中可带来吉祥，因此桐树在窑院中的种植也非常常见。院内栽种的树种还有梨树、石榴树、枣树、核桃树等。梨树象征大吉大利，石榴树象征着多子多福，枣树象征着早生贵子，核桃树成熟时果实累累，象征着人丁兴旺。

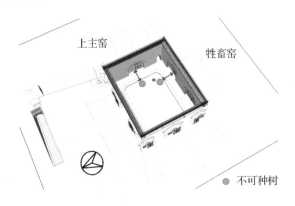

图2.12　窑院内栽树禁忌示意图（西兑宅）

院中树梢伸出地面，能为窑院带来许多生气和灵性，也能提示在地面上行走的人注意安全，并在炎热的盛夏遮挡正午的阳光。窑院内常圈养家禽、猫、狗等小动物。在秋收后，院内挂有成捆的玉米穗和大蒜、成串的红辣椒。一年四季，窑院内景象各不相同，生活气息非常浓厚（图 2.13～图 2.15）。

图 2.13　窑院中的家禽、猫、狗

图 2.14　窑院中的玉米穗、蒜头、红辣椒

图 2.15　四季景象（其中冬季 许春莉摄）

图 2.15（续）

（2）窑顶空间

沿窑院四壁横向凿出的窑室顶部是窑院外的塬上地面，也称为窑顶。窑顶多为空地，常用作打场晾晒空间（图 2.16）。

图 2.16　窑顶的打场晾晒

每个窑顶地面都配有一个石质的碾子（图 2.17）。早年间，石碾在夏收时被用于碾压麦子，且每次雨后都会由牲口（后来改由拖拉机）拉着石碾将地面的黄土碾压平整密实（图 2.18）。其有两个主要作用：一是防止雨水渗入下部土体，从而破坏窑顶结构；二是防止杂草丛生，避免草根等植被的根系被坏窑顶结构。因此，窑顶地面的除草也是必不可少的日常维护工作之一。

图 2.17　石碾

（a）牲口拉石碾　　　　　　　　　　　（b）拖拉机拉石碾

图 2.18　窑顶地面的压实

　　窑顶除了是打场晾晒场所之外，还是邻里聚集的场所，有时三五个老人会在窑顶的空地上谈天说地，成群的小朋友嬉戏打闹（图 2.19）。到做饭时间，会看到窑顶的烟囱或窑院内冒出袅袅青烟，老远就能闻见饭香（图 2.20）。为防止窑体破坏，窑顶区域尽量不种树。

图 2.19　窑顶活动

图 2.20　炊烟袅袅

2．入口门洞

　　入口门洞构建了从地上标高到地下标高、从公共场所到家庭场所、从社会生活到家族生活的一系列可以支配的过渡空间，形成空间与环境有层次的过渡。通过坡道、踏步、转折、门楼、暗洞、稍门，由逐渐变化的标高及铺面材料的更换等具有特色的手法，自上而下地形成了一个有层次的穿过式流线，这个流线完成了由公共性逐渐过渡到私密性的渐进式空间布局（图2.21）。

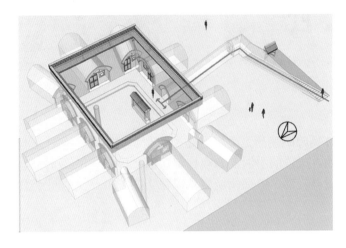

图2.21　进入窑院人行流线示意图

3．窑室

窑室是空间层次组成中的最后一个序列，是地坑窑院民居中较私密的空间。各个窑室按照一定的规律布置在窑院四周的崖面上，以崖面作为始端向纵深掏穴，形成了居室。各窑室之间的位置关系、立面建筑细部的处理、平面立面形状、进深大小、窑室的内部格局和陈设都充分体现了崇尚自然的民间营造思想，表达了窑室"土"文化的风格特点（图2.22）。

图2.22　崇尚自然的"土"文化

2.2　地坑窑院的空间布局

2.2.1　各类窑院的空间布局

地坑窑院的空间布局依照窑院类型各有不同。窑院按照空间布局可以分为西兑院、北坎院、东震院和南离院[14]。无论是哪种窑院，在营造中主向崖面长度的尺寸都比对边尺寸大一尺（1尺≈33.33cm），两侧边的尺寸相等，因此严格地讲窑院的平面形状不完全是方形或长方形，而是等腰梯形。

地坑窑院内各个窑洞按使用功能分为上主窑、下主窑、侧窑、厨窑、牲畜窑、杂物窑、茅厕窑、门洞窑等。一个窑院内布置多少孔窑洞，因经济、人力和居住人口而异，一般为 6 ～ 14 孔窑，最多的为 16 孔窑。不管有多少孔窑，窑洞的排列布置均采用规整对称的布局，严肃、方正、井井有条，服从中国传统伦理秩序和礼教仪规。

1. 西兑院的空间布局

西兑院是以西为上的宅院（图 2.23）。窑院近似为正方形。上主窑所在的西面、主方向两侧的北面和南面的长度是一样的，下主窑所在的东面长度比上主窑所在的西面短一尺。

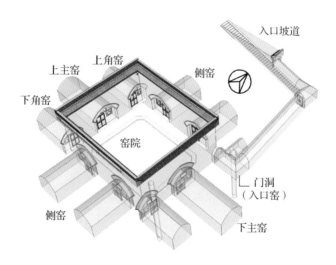

图 2.23　西兑院的空间布局示意图（10 孔窑）

西兑院一般为 10 孔窑，西面有 3 孔窑，分别为上主窑、上角窑、下角窑，南面、北面各有两个全口的窑室，南北应对称，入口门洞位于东北角，东南角为茅厕窑（厕所）。这种约定俗成的布局是当地西兑院的空间布局的典型形式。窑院平面尺寸一般为 10m×10m 或 12m×12m；窑院深度一般为 5.5 ～ 6.0m，上主窑大于其他窑，为"9-5 窑"（高度为 9 尺 5 寸，宽度为 9 尺）；其他窑为"8-5 窑"（高度为 8 尺 5 寸，宽度为 8 尺）。

角窑通常采用大半口窑形式。

2．北坎院的空间布局

北坎院是以北为上的宅院（图 2.24）。窑院一般近似长方形，南北方向长，东西方向短。根据院的形状和平面尺寸大小，窑洞的数量一般有 12 孔、10 孔、8 孔。上主窑坐北朝南位于北面正中，下主窑位于南面正中，入口门洞位于东南角，茅厕窑位于西南角。

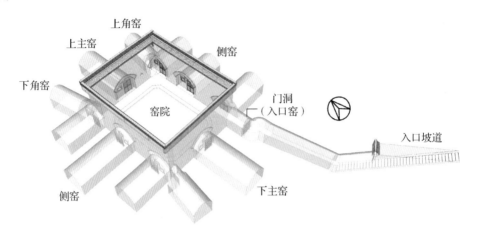

图 2.24　北坎院的空间布局示意图（12 孔窑）

当基地形状较狭长时，东西两侧各布置 3 孔全口窑，上主窑两侧的角窑根据南北向尺寸开大半口窑、半口窑和小半口窑，一般不能开全口窑；若东西两侧各布置 2 孔全口窑，则窑院为 10 孔窑；当基地面积较小，南北向主要布置上主窑和下主窑，角窑的开口为大半口，主要布局在东西两向，窑院只能布置 8 孔窑。窑院北向尺寸比南向尺寸长一尺；为体现主位，北向上主窑为"9-5窑"，其他窑为"8-5 窑"。

3．东震院的空间布局

东震院是以东为上的宅院（图 2.25）。窑院一般近似长方形，东西长，南北短。在正向方位的宅院中，东震院被认为具有最好的朝向。东震院一般布置 8 ~ 12 孔窑，正东的是上主窑，正西的是下主窑。南北两侧各布置 3 孔窑，用于居住的是北窑，即上北窑、正北窑、下北窑；入口门洞位于正南方向，上角窑一般

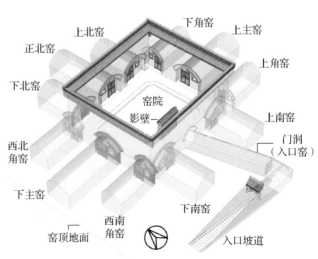

图 2.25　东震院的空间布局示意图（12 孔窑）

作为厨房，下南窑为茅厕窑。东震院中的西南角窑是全窑院最不好的窑洞，常用来圈养牲口、放置石磨和农具等杂物。

4．南离院的空间布局

南离院是以南为上的宅院（图2.26）。窑院近似长方形，南北方向长，东西方向短。和东震院的门洞布置相似，南离院的入口门洞布置在正东；但也有特殊情况，即入口门洞在正北方向。一般情况下，南离院为8～10孔窑，正南窑是上主窑，下东窑（东北或西北角窑）一般设为茅侧窑。如果窑院面积大一些，可以打12孔窑，在正南窑两边各设一个角窑。上西窑和下西窑都是全口窑。

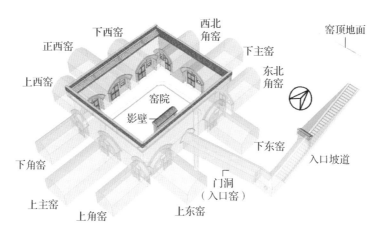

图 2.26　南离院的空间布局示意图（12 孔窑）

以上4类窑院，在地坑窑院民居分布区普遍存在。例如，陕州区张汴乡窑底村就现存着这4类窑院（图2.27～图2.30）。

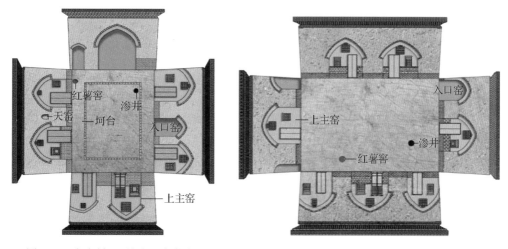

图 2.27　窑底村 53 号院（南离院）　　　图 2.28　窑底村 61 号院（西兑院）

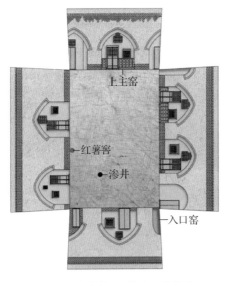

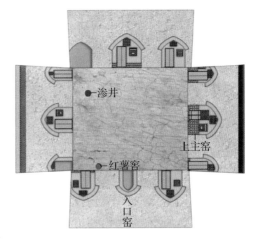

图 2.29 窑底村 63 号院（北坎院）   图 2.30 窑底村 65 号院（东震院）

5．其他特殊情况

（1）两院相连

人口较多的家庭或大家族聚居在一个窑院里住不下的，便将几座窑院通过角窑相连的方式串联起来（图 2.31）。

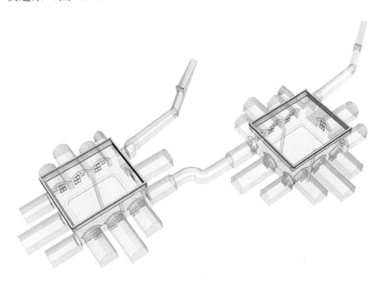

图 2.31 两院相连示意图

（2）天窑

在地坑窑院村落的某一边崖面的尺度过小，不能容下 3 口窑的情况下，窑匠们会在这个崖面上只开两孔窑。对于主窑崖面来说，窑匠会在主窑崖面的中位，也就是两孔窑之间窑腿的上方的正中位置设置天窑。对于侧窑崖面来说，如果与其对应的崖面上有 3 孔窑，那么就会在两窑的正中间再开一孔小窑，用以象征性地补齐该崖面方向的正窑。

窑底村 53 号院是一个比较特殊的南离院，因为基地非常小，上主窑崖面和西侧窑崖面都仅能容下两孔窑，所以在这两个面都设有天窑，北立面虽然也只修了两孔窑，但由于崖面中位设有下主窑，因此并没有再设置天窑（图 2.32）。

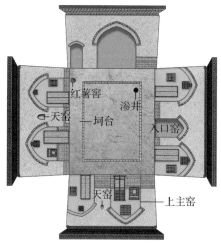

图 2.32　窑底村 53 号院（南离院）

天窑的形式主要有两种：带券边的天窑（图 2.33）和不带券边的天窑（图 2.34）。部分窑院天窑内还设有吉星石，如窑底村 62 号院内的天窑（图 2.33）。

图 2.33　带券边的天窑　　　　　　　　图 2.34　不带券边的天窑

因为天窑位于窑面的正中位置，人们会在夜晚点燃充满麻油的铁灯台（图2.35）或铜灯台，并将其放置在天窑内，为整个窑院照明。后来麻油灯被煤油灯（图2.36）取代。除此之外，由于天窑位于较高的崖面上，且窑口较小，当地百姓在遇险时会将贵重财物藏纳在天窑内，以避免被匪寇掠夺。

图2.35　铁灯台

图2.36　煤油灯

（3）有围墙的窑院

在窑底村，本书作者及其团队成员通过访谈80岁以上的老人得知，在战争年代，村内经常遭受土匪和敌寇的侵袭，为了保证安全，村民不但在全村的外面筑起城墙，城墙外还修有2m深的壕沟（图2.37）。有的富裕人家为了安全，还将自己的窑院周边也修筑了较高的土围墙（图2.38）。

图2.37　北城墙遗址和城壕现状

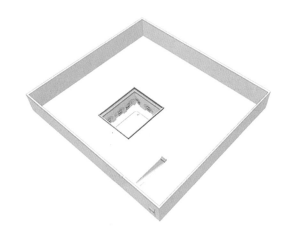

图2.38　带土围墙窑院示意图

2.2.2　地坑窑院空间布局的影响因素

（1）受中国传统封建等级制度和宗教法理关系的影响

窑洞的排列布置均采用规整对称的布局，严肃、方正、井井有条。所有的家庭成员按照长幼有序的传统观念，住在不同的房间里。主窑、角窑和侧窑均有上下等级之分。

（2）受经济条件的影响

20 世纪 80 年代之前，塬上居民的经济都较拮据，且家中子女较多，子女结婚后也没有足够的资金建造新院，于是一个大家族中的几家人合住在一座地坑窑院内。所以很多村落中以较大的 12 孔窑居多。

（3）受水文地质条件的影响

受到水文地质条件的影响，窑院的深浅会稍有不同，但水文地质条件对窑院最大的影响在于是否在入口窑内设置水井窑。三大塬中，张汴塬由于海拔高度基本都在 700m 以上，如北营村为海拔为 707m，窑底村为 738m，所以地下水位深，一般一个村内只有为数不多的几口井，通常打在窑顶地面处供几户共同使用。但张村塬和东凡塬的海拔较低，地下水位也较张汴塬浅许多，因此每座地坑窑院的入口窑内都设有水井窑，保证居民取水的便捷。

（4）受地域文化及习俗差异的影响

由于塬与塬之间被沟壑分隔，早年的交通条件非常不便，三大塬上的地坑窑院受不同地域文化和习俗差异的影响较大，如张汴塬上的南离院和其他塬在茅厕窑和牲畜窑的方位上正相反。此外，张汴塬上的窑院上主窑设一门两窗，其他塬上的都设一门三窗。

2.3　地坑窑院的窑室布置

地坑窑院按照方位的重要性来安排一家人的住所和其他功能。地坑窑院内各个窑室按使用功能分为上主窑、门洞窑、厨窑、粮食窑、居住窑、客窑、牲畜窑、杂物窑、茅厕窑等[15]。

根据四种不同主位的院子，各功能空间会随主窑方位发生变化。对于一个地坑窑院，上主窑、门洞窑和厨窑的方位选择最为重要。

窑室按方位名称来分，主要包括主窑、角窑和侧窑（图 2.39）。

西兑院：10 孔的西兑院布置有上主窑、下主窑；上角窑、下角窑；上北窑、下北窑；上南窑、下南窑；茅厕窑在东南角，门洞在东北角。

东震院：12 孔窑的东震院设有上主窑、下主窑；上角窑、下角窑；上北窑、正北窑、下北窑；上南窑、正南窑、下南窑；西北角窑、西南角窑。其中，正南窑为门洞，西南角窑为茅厕窑。

北坎院：10 孔的北坎院设上主窑、下主窑；上角窑、下角窑；上东窑、下东窑和上西窑、下西窑；门洞设在东南角；茅厕窑设在西南角。

南离院：12 孔的南离院设上主窑、下主窑；上角窑、下角窑；上西窑、正西窑、下西窑；上东窑、正东窑、下东窑；西北角窑、东北角窑。其中，正东窑为门洞，西北角窑或东北角窑为茅厕窑。

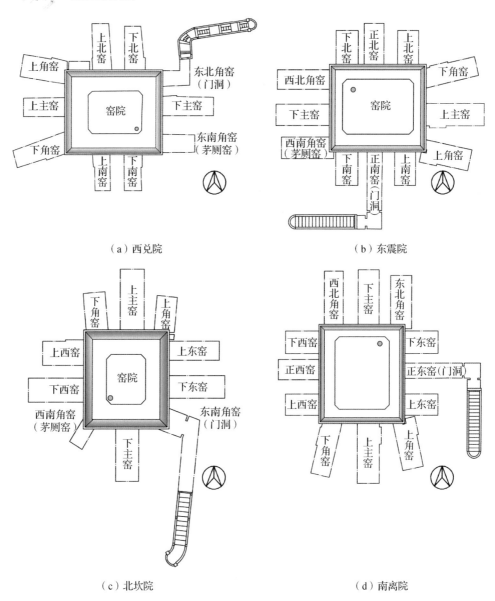

图 2.39   四类宅院窑室布置示意图

2.3.1   主窑的空间布置

主窑包括上主窑和下主窑。上主窑作为宅院的核心应占据上位，位于主方向崖壁的正中位置。与上主窑相对崖面正中的位置布置下主窑[16]。

上主窑是一座院子中最大的一孔窑，俗称"9-5窑"，此窑为家庭重要的公共活动场所，用于家庭过年、重要议事、办理丧事等，一般不用于居住。其窑室的内部空间从功能上分为前后两个部分。前部一般为会客或议事区域，配有一桌两椅有的在桌后的墙面上再开一个小窑作为佛龛，桌上配有烛台和香炉，有的在桌后的整面墙上以白纸打底，上面贴几屏剪纸或画像，桌上放一个小条几（图 2.40）。

　　后部空间一般为办红白喜事及逢年过节时的祭拜区域，一般设有大条几（图 2.41）。

图 2.40　上主窑前部空间

图 2.41　上主窑后部空间

　　张村塬和东凡塬的上主窑设一门三窗，张汴塬的上主窑设一门两窗。门一般为双扇，门的两侧和门顶都有窗，对称布置（图 2.42）；其他窑设一门两窗，即在门的一侧和门顶各一个窗户（图 2.43）。家境殷实人家的窑院居民会在上主窑设四个门扇与一个高窗，其中主窑大门中间的两扇可以灵活开启，如在庙上村 3 号院（图 2.44 和图 2.45）、22号院和 59 号院都采用了这种做法。除此之外，少数窑院会在下主窑也设置一门三窗，如在庙上村 5 号院（图 2.46 和图 2.47）与 39 号院采用了这种做法。

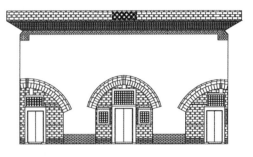

图 2.42 庙上村 8 号院上主窑立面

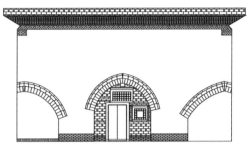

图 2.43 庙上村 8 号院下主窑立面

图 2.44 庙上村 3 号院上主窑立面

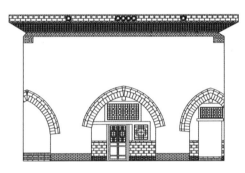

图 2.45 庙上村 3 号院下主窑立面

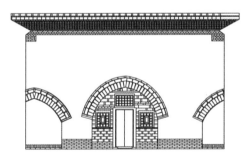

图 2.46 庙上村 5 号院上主窑立面

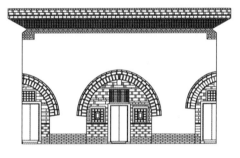

图 2.47 庙上村 5 号院下主窑立面

2.3.2 角窑的空间布置

角窑是由窑匠在没有设计图纸的情况下开挖的，因此形式非常自由和多样化。窑院的主方向及与其相对的崖壁上窑洞的数量一般为三个。位于上主窑和下主窑左右的窑洞称为角窑，每个窑院一般会有四个角窑。

按照中国传统等级观念，左重于右，因此上主窑之左为上角窑，之右为下角窑，上主窑两侧的角窑主要用于居住，下主窑两侧的角窑对于西兑院和北坎院而言，通常设为入口门洞和茅厕窑，对于南离院和东震院而言，通常有一间设为茅厕窑，另一间设为牲畜窑或杂物窑。

在多数情况下，上主窑和下主窑崖壁的长度都不能满足布置 3 孔全口窑洞的尺寸，故角窑有全口窑、大半口窑、半口窑、小半口窑之分，角窑采用非全口窑形式的目的是在宅基地比较小的情况下，以不减少窑室数量为前提减小院坑的尺寸，使窑室具有足够的进深。

上主窑方向的两个角窑的处理方式主要有几种[17]。

为了保证采光，绝大多数角窑采用窑肩式，将开窗部分嵌入土体，并挖出完整的窑拱（图2.48），有的还将嵌入部分向侧窑方向的土体内延展，辟为储物空间（图2.49）。

图 2.48　大半洞带窑肩角窑

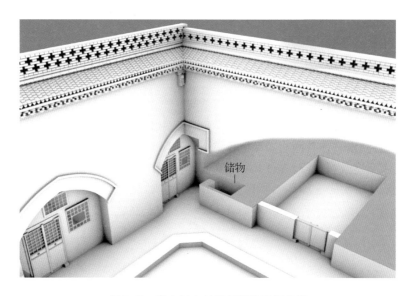

图 2.49　庙上村 1 号院带储物空间角窑

在角窑与侧窑挨得过近的情况下，为了保证两窑间土体的稳定性，不再做窑肩（图 2.50）。

图 2.50　大半洞无窑肩角窑

采用小半洞只能放下门，不设窗，此类角窑室内光线较暗（图 2.51）。

图 2.51　小半洞无窑肩角窑

有的角窑将窗设置到相邻的土体上，俗称"窑肩窗"（图 2.52），这样窑炕也向侧窑方向土体内伸入一段距离，在室内形成一个拐角空间（图 2.53 和图 2.54）。

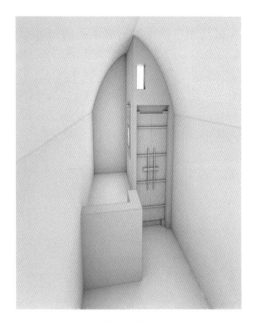

图 2.52　小半洞侧向带窑肩窗角窑　　图 2.53　小半洞侧向带窑肩窗角窑内部

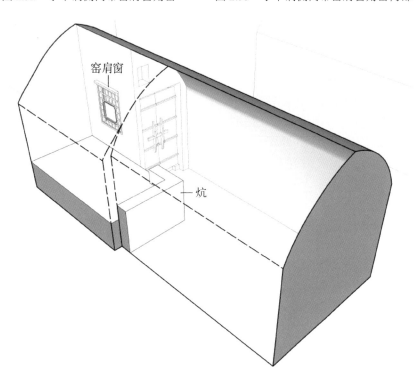

图 2.54　小半洞侧向带窑肩窗角窑内部全景

有的宅基地的主窑方向特别窄，窑匠就会在侧窑方向土体内嵌开挖窑拱作为角窑（图2.55），有的宅基地能从侧窑方向向主窑方向的土体内嵌部分再开挖一个洞口作为角窑（图2.56）。

在角窑与侧窑紧挨的情况下，通过木梁架的支撑来保证上部土体的稳定性和两个窑的同时采光（图2.57）。

图2.55　侧崖角窑　　　　图2.56　内嵌洞口角窑　　　　图2.57　带梁角窑

2.3.3　其他窑室的空间布置和使用功能

1. 侧窑

主窑左侧、右侧的崖壁上通常会挖凿数间窑洞（2～3孔窑），称为侧窑。

侧窑设置一门一窗，当一侧有2孔窑时，两门都朝向中间的位置；当一侧有3孔窑时，正中的上主窑的门窗设置既可以左窗右门，又可以右门左窗，但两侧边的窑必须保证门更靠近上主窑。当侧窑只有2孔窑时，根据坐向，分别称为上某窑和下某窑。当侧窑有3孔窑时，根据坐向，把中间的一孔窑称为正某窑。

例如，每个侧边只有2孔窑的西兑院，一个侧窑采用右门，一个侧窑采用左门；每个侧边有3孔窑的西兑院，除去左边窑门设在右，右边窑门设在左，中间门则左右都可。

从功能的分配上，崖壁朝阳面的窑洞采光好，常用于居住，而相对的背阳面的窑洞基本不住人，分别作为厨窑、牲畜窑、杂物窑等。通常茅厕窑、牲畜窑和杂物窑可以根据情况选择不做门窗处理。

2. 居住窑

对于一个大家族，祖孙几代居住在自家的窑院里是一件十分普遍的事。但居住的方式遵循长幼有序的传统观念，所有家庭成员按照辈分住在不同的房间里。已婚的儿孙在宅院中拥有独立的窑洞。

儿孙在结婚后要分配独立的窑洞作为婚房。婚前对窑室进行整修，除了正常的以泥抹墙面外，还会在入门前部空间上方做吊顶，并在墙面和吊顶上设白纸打底，上贴剪纸等装饰品（图 2.58）。窑内的空间也分成前后两个功能部分。前部吊顶下方一边为炕和炕桌，另一边靠墙摆放一桌两椅，后部空间有的摆放有水缸、脸盆架、婴儿坐椅、箱架和箱子及衣柜等家具和生活用具（图 2.59），有的作为厨房空间（图 2.60）。有的居住窑的后部窑顶会有一个直通地面的通风孔，用于协助窑室通风和换气[18]（图 2.61）。

图 2.59　居住窑后部储物空间

图 2.58　居住窑前部生活空间

图 2.60　居住窑后部厨房空间

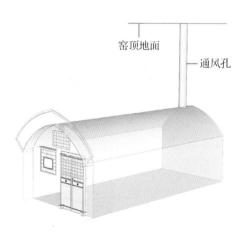

图 2.61　居住窑通风孔示意图

　　以西兑院为例（图 2.62），我们可以从中看出一个多子女家庭中对居住窑的分配方式。长辈一般居住在上角窑，老大居住在下角窑，老二居住在上北窑，老三住在下北窑，老四住上南窑，若家中再有老五，就住在下主窑。其他窑院的分配可以此类推。由此可见，窑洞在家庭内的分配充分体现了长幼有序的观念。

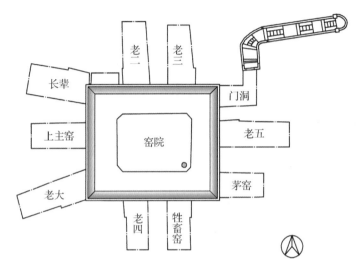

图 2.62　西兑宅院居住序列

　　居住窑中还包含客窑，客窑是指供客人住宿的窑洞，其基本格局也是在前部空间配有炕和一桌两椅（图 2.63），后部空间配有脸盆架、箱架和储物箱、水缸等基本的生活用具（图 2.64）。

图 2.63　客窑前部生活空间

图 2.64　客窑后部储物空间

3. 厨窑

　　"民以食为天"，厨窑是加工餐食的地方，对全家人的健康至关重要，因此人们对厨窑的定位非常讲究。通常一个地坑窑院需满足一个大家庭或者好几户人的居住，厨窑也要有好几个，但并不是每一孔居住窑都可设灶。根据民间建造理论，主窑设主灶，其他的灶设在特定的窑内或窑门前。

厨窑也称"灶屋",是主灶所在的房间,主要承担做饭的功能,有时老人会居住在厨窑内。因此,炕灶相连,常配有案板、置物台、锅、碗、瓢、勺、缸、罐、筐等。一般厨窑内分为前后两个功能区域。前部进门一侧为土炕,另一侧贴墙放一桌两椅,前部空间供人居住和会客用;后部空间为主厨区,连炕灶和主要的厨具都放在这个区域内(图2.65)。除了主灶,门洞窑的方位一般也是设灶的位置。

（a）厨窑

（b）连炕灶

（c）厨房操作区

（d）会客区

图 2.65　厨窑内的功能布局

4. 牲畜窑

牲畜窑一般用来养牛、马或驴等家畜。农耕时家畜是下地干活的主要劳动力。因此,窑院的主人一般会利用窑院内的特定位置设置牲畜棚,一般这间窑室不设或只设简易门窗。除了养牲畜外,也会存放一些牲畜下地干活用的农具和照明用的马灯等(图2.66)。当窑内空间较大时,还可在棚边放置石磨盘,便于牲口拉磨磨面(图2.67和图2.68)。

牲畜需要吃大量的草,因此有的窑院也会在牲畜窑的顶部预留"马眼"。居民用铡刀将草铡碎后将草通过"马眼"漏下去喂牲畜,因此,"马眼"也称为"草漏"。"马眼"还有一个功能就是通风换气,平时不用时用树枝支起砖、石等盖板以保证空气能够进入。牲畜在窑内的粪便也与通过"马眼"漏入的适量干土和树叶拌匀,能防止恶臭,积攒到一定程度(大概每隔一个月)便要由人担上地面用作农田肥料。

5. 茅厕窑

茅厕窑是整个窑院最污秽的场所,因此也置于窑院最不重要的位置上。

茅厕窑位于东震院和北坎院的西南方向,南离院的东北方向或西北方向,在西兑院的东南方向(图2.69)。对于茅厕窑而言,不同的塬有时会有一些差别,如张汴塬上的南离院将茅厕窑设置在西北角方位上,而其他塬的南离院都设在东北角方位上。

茅厕窑的顶部也设有"马眼","马眼"一方面起到通风换气的作用，另一方面可以把晒干的黄土、枯叶灌入该窑内用于垫厕，以便于同牲畜窑一样每月进行一次出粪。人、畜的粪便是农田重要的肥料来源。

图 2.67　牲畜窑内拉磨场景复原图

图 2.66　牲畜窑

图 2.68　石磨盘

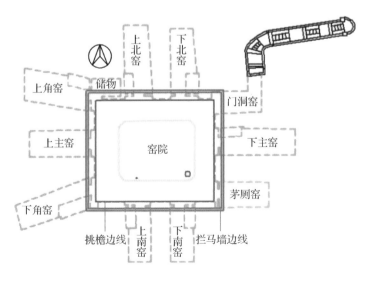

图 2.69　西兑院的空间布局

6．粮食窑

粮食窑是用于储存玉米、小麦等粮食的窑洞。

在收获季节，粮食在窑顶打场晒干后，有的居民会在粮食窑顶部打一个洞口，称作"马眼"（图 2.70），随后套上两头开口的筒形布袋，将粮食顺着布袋灌入窑内的粮囤内（图 2.71）。

图 2.70　窑底村 61 号院粮食窑顶"马眼"　　　图 2.71　北营村粮食窑及粮囤

粮囤是用苇子编成的，在囤下铺一层约 20cm 厚的麦糠，粮食装满后顶上再盖一层麦糠，最后用泥将囤顶封严。粮囤内的粮食一般可储存 3～5 年，且不易生虫和变质。一般窑内还存放有簸箕、笭筐等筛粮食的用具。

7．储物窑

储物窑一般处于次要位置，通常是特别不适于居住的窑洞。储物窑有时也会堆放一些废旧家具、木材、工具等杂物。

2.4　地坑窑院的入口门洞

入口门洞是连接窑院和塬上地面的唯一交通通道。进入地坑窑院村落，站在塬面上的人视野开阔，可以纵览周边的山峦和沟壑，而窑院是隐藏在大地之中的，只能见到露出地面上的树冠和烟囱冒出来的缕缕炊烟。步入入口门洞的坡道，视野渐渐受阻，周围的光线变弱，直到进入门楼。再顺着光亮经过暗洞到达稍门，眼前复入一片光明，跨过稍门可以仰望天空。通过坡道、台阶、门楼、暗道、稍门、庭院，人们从地面到地下看到的景观序列虽然瞬时而过，但其强烈的光影效果是不易在其他类型的民居中见到的，形成了地坑窑院民居中特有的视觉特征。从塬面进入门洞，再由门洞进入窑院形成了收放有序的空间序列，在这个过程中构成产生了明暗、虚实、节奏的对比变化，使步入窑院的过程扬抑结合，充满了韵律感[19]。

2.4.1　入口门洞的方位

入口门洞的方位选择和上主窑的方位相关。西兑院的主窑在正西，入口门洞设在东北；东震院的主窑在正东，入口门洞设在正南；北坎院的主窑在正北，入口门洞设在东南；南离院的主窑在正南，入口门洞设在正东（图2.72）。

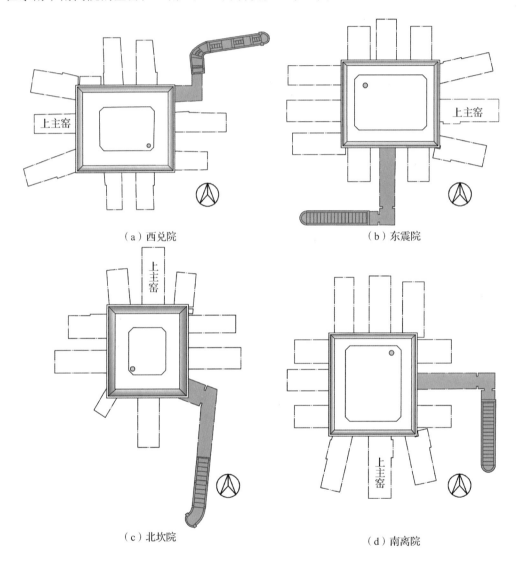

（a）西兑院　　　　　　　　　　　　　（b）东震院

（c）北坎院　　　　　　　　　　　　　（d）南离院

图2.72　各类宅院和入口门洞关系图

入口门洞窑是以坡道进入院内的，窑高和窑跨都稍小。按窑口的不同，入口门洞可分为全口窑和半口窑（俗称"半明窑"），北坎院和西兑院这样门洞在角窑处的窑院，采用的是半口窑（图2.73和图2.74）。

对于东震院和南离院这样门洞窑在中位上的窑院，采用的是全口窑。窑口的方向正对着相对崖面的中窑，正对入口处的院内设有影壁（图2.75）。

图 2.73　北坎院入口门洞窑口的处理

图 2.74　西兑院门洞窑口的处理

图 2.75　正对入口处的院内设置影壁

2.4.2　入口门洞的形式

　　地坑窑院入口门洞的形式主要由地形条件来确定。地形条件主要考虑宅基地面积、相邻道路条件、入口需要、与主要道路的距离等。归纳起来，豫西地区地坑窑院采用较多的入口门洞的形式有直进式入口门洞、曲尺式入口门洞、折返式入口门洞、雁行式入口门洞（图 2.76），以及在这些形式基础上的其他形式。

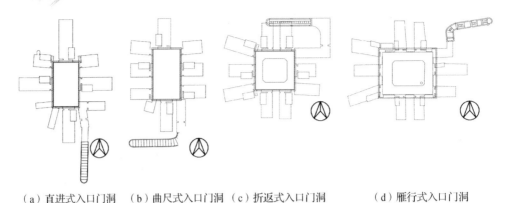

（a）直进式入口门洞　（b）曲尺式入口门洞　（c）折返式入口门洞　　　（d）雁行式入口门洞

图 2.76　入口门洞的基本形式

1. 直进式入口门洞

直进式入口门洞是一种简单、常见的出入口方式。

直进式入口门洞虽然简单但只有宅基地面积较大时才有可能采用。以坑院地坪标高比塬面地面低 6.0m 为例，若入口坡道为 30°，则需要约 10.5m 的长度才能放得下坡道，加之入地面和入庭院的过渡区域大致需要 12m 的长度才能满足要求。由此看来，直进式入口门洞的设置对宅基条件的要求是比较高的。处于用地的考虑，直进式入口门洞在地坑窑院聚集区采用得并不多。

当窑院的条件不允许采用直进式入口门洞时，或不适宜安排直进式入口门洞时，曲尺式入口门洞、折返式入口门洞、雁行式入口门洞和其他的入口门洞形式被广泛采用。

2. 曲尺式入口门洞和折返式入口门洞

曲尺式入口门洞拐了一个弯，地面入口与窑院入口呈 90°。折返式入口门洞坡道拐了两个弯，地面入口与窑院入口相反。

曲尺式入口门洞和折返式入口门洞由于弯道的存在节省了坡道的占地距离，在平面布局上是包抄着窑院，形成了规矩方整、团围向心的格局，象征着家庭的凝聚团结，是豫西地坑窑院民居中常见的入口形式。曲尺式入口门洞和折返式入口门洞也是地坑窑院民居中使用较多的形式（图 2.77～图 2.79）。

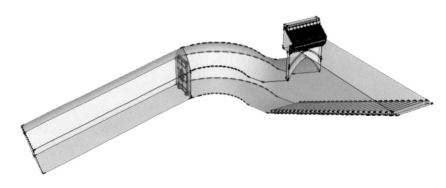

图 2.77　曲尺式入口门洞（一）

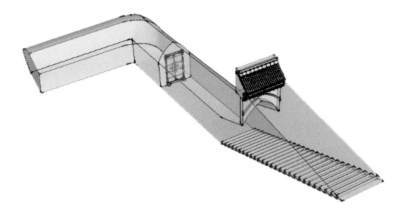

图 2.78　曲尺式入口门洞（二）

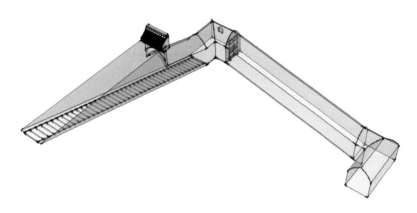

图 2.79　折返式入口门洞

3．雁行式入口门洞

　　雁行式入口门洞做了两个转折，但没有改变入口方向。与直进式入口门洞的方向一致。但从布局上优于直进式入口门洞，这主要是因为：第一，转折的存在从入口的外面看不到院内；第二，虽然入口坡道未改变入口方向，但缩短了入口起点和终点的直线距离（图 2.80）。

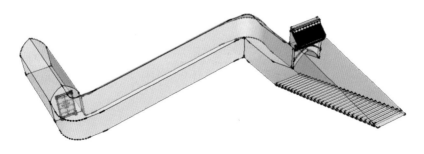

图 2.80　雁行式入口门洞

4．其他形式的入口门洞

弧形入口门洞是直进式入口门洞的变体（图2.81），它受到场地的限制，以增大坡道弧度的方式来缩小用地面积。S式入口门洞是雁行式入口门洞的变体（图2.82），通过两个不同方向的弯弧的衔接加强了坡道空间的趣味性，同时也大大地节约了坡道的占地面积。

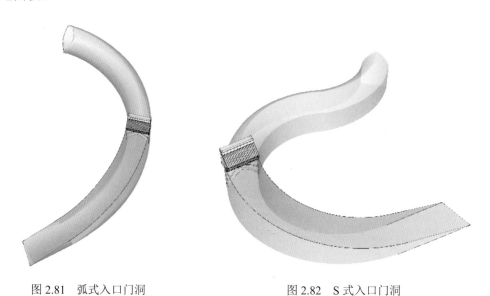

图2.81　弧式入口门洞　　　　　　　　　图2.82　S式入口门洞

2.4.3　入口门洞的构成

入口门洞主要由入口坡道、门楼、明洞、暗洞、稍门、门洞窑、龛等部分组成（图2.83）。

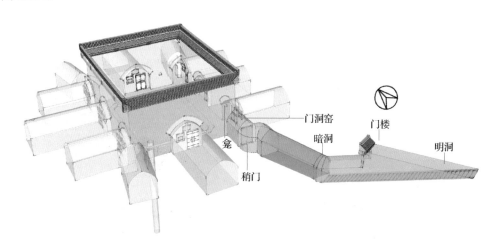

图2.83　入口门洞的构成

1. 入口坡道

入口坡道是从黄土塬面下行至院坑的人行道（图 2.84），或从窑院上行至黄土塬面的人行道（图 2.85）。坡道的形成是由于黄土塬面和院坑之间存在高差。坡道的坡度根据地面面积进行选择，地面面积大，坡道可以缓一些；地面面积有限，坡道可以陡一些，一般在 30°～40°。通常明洞和暗洞中都安排有坡道。

图 2.84　下行入口门洞的坡道

图 2.85　上行入口门洞的坡道

图 2.85（续）

2．门楼

门楼是明洞和暗洞的分界。当地有"穷院子，富门楼"的说法，门楼的形式和做法是窑院主人的社会地位和经济水平的体现。因此，居住者非常注重门楼的建筑细部处理。门楼主要由门券、门脸、大门、挑檐、拦马墙等组成。从门楼券洞的形式上，门楼主要分为圆券洞入口门洞和尖券洞入口门洞（图 2.86 和图 2.87）；从挑檐的形式上，门楼分为砖瓦挑檐入口门洞、砖挑檐入口门洞、瓦挑檐入口门洞和无挑檐入口门洞，挑檐一般和窑院护崖檐的做法相统一；从拦马墙的形式上，门楼分为砖砌入口门洞、土砌拦马墙入口门洞和无拦马墙入口门洞，门楼拦马墙一般和窑院拦马墙的做法相统一。

图 2.86　青砖青瓦砌筑圆券洞门楼　　　　　图 2.87　黄土尖券洞门楼

3．明洞

自地面入口顺坡道下行至大门入口止，这部分因为露天、无覆土而被称为入口门洞的明洞（图 2.88）。明洞主要包括露天的空间部分及两侧边墙体的立面。明洞的两侧墙体包括墙底部墙裙、墙体及墙体顶部小拦马墙。其构造形式由窑院居民的喜好和经济条件决定。明洞的形式有直有曲，根据所选门洞的入口形式确定。明洞地面入口的宽度通常取 1.6m，通过坡道下行到大门入口处，宽度则大于 1.6m。

图 2.88　明洞及门楼上的拦马墙

明洞无顶，随着渐渐下行的坡道，两侧立面逐渐加深。由于门洞如同院坑也是采取逆向法由土体中开挖出来的，明洞两侧立面是与塬面连为一体的原状土体，如同院坑的崖面，垂直于坡道。为了稳定和便于装饰，明洞两侧立面都有一定的抹度（倾斜度），以明洞在大门处的剖面为例，地面处明洞宽度若为 1.6m，则坡道处宽度为 1.5m，每侧立面的抹度是 5cm。为了防止人和牲畜不慎掉进门洞，明洞立面上部从地面平起修筑 30 ～ 60cm 的小短墙，被称为拦马墙（图 2.88）。

4．暗洞

顺坡道跨过门楼就进入暗洞了，它的一端是门楼的大门，另一端进入庭院的院门（也称稍门）。暗洞与明洞的区别是其洞顶上有覆土。暗洞与明洞共同组成连接黄土塬面与地坑窑院的交通通道。

　　暗洞与普通窑洞一样，由土拱围合出室内空间，有拱顶、窑脊和窑带。与普通窑洞不同的是，由于地面有坡道，窑顶顺坡道坡度下行，窑脊和窑带也以相同的坡度下行。暗洞有时会设置堆放薪柴等的杂物窑（图2.89～图2.91）。有的窑院会将土地龛（图2.92和图2.93）设于暗洞内壁上。

图2.89　暗洞中的杂物窑

图2.90　暗洞中的的农用板车

门洞壁龛内堆放的物品

门洞窑内的灶

图2.91　门洞窑中放置的物品

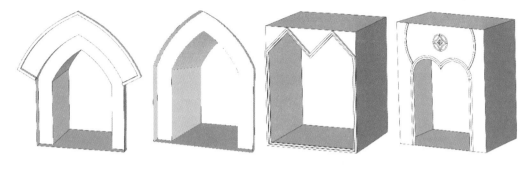

图 2.92　土地龛的形式

图 2.93　门洞中设置的各类土地龛

　　土地龛的位置分为两种情况：一种放在大门之外，即在门楼内的暗洞壁面上；另一种放在大门之内，即在入口门洞窑的壁面上。但不管是在门内还是在门外，都和窑院的主窑方位相同。

5. 大门

大门，也称稍门，是进入庭院的门（图2.94），稍门的位置极为重要，要求人们站在稍门的位置，不能看见主窑。如果暗洞是弯曲的，可适当调整稍门的位置。讲究的家庭会在正对主窑入口处修一个影壁（图2.95），既可藏风聚气又可起到一种屏障的作用，避免一进稍门就将院内一览无余。另外，影壁在冬季的时候还能抵御从稍门过来的寒气。

图 2.94　大门

图 2.95　影壁

影壁，古称萧墙，也称影墙、照壁，是传统建筑中用于遮挡视线的墙壁（图2.96）。影壁的作用就是遮挡住外人的视线，即使大门敞开，外人也看不到宅内的景象。影壁还可以烘托气氛，增加住宅气势。影壁作为中国建筑中重要的单元，它与房屋、院落建筑相辅相成，组合成一个不可分割的整体[20]。

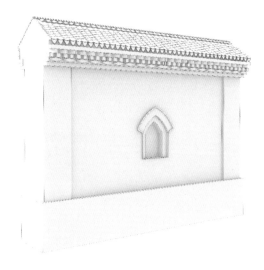

图 2.96　地坑窑院影壁模型

地坑窑院的影壁主要设于东震院或南离院，正对入口稍门（图2.97和图2.98）。影壁的高度高于人们视线的高度，很好地起到了视线遮挡的作用，也保证了窑院空间的私密性和入口空间的层次性。有的影壁正中间会砌一个小窑龛，以守护窑院，有的窑院是将窑龛设在和主窑崖面一个方位上的迎门位置或门侧。

影壁的修建使一部分院内空间被占据。后来很多住户为了扩大院落空间，拆除了部分窑院的影壁。实地调研结果显示，人马寨村的个别南离院还留有完整的影壁。

图 2.97　南离院入口门洞的稍门和窑院影壁

图 2.98　东震院入口门洞的稍门和窑院影壁

第 3 章
充满智慧的民间营造

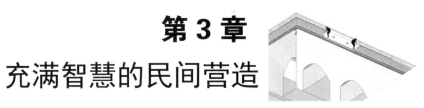

　　地坑窑院民居是在特定的自然环境、建筑材料、技术水平和社会观念等条件下的历史选择。先民们充分利用黄河流域的地理条件，适应黄土高原的干旱气候，结合得天独厚的"土"资源，通过深潜土塬、四壁凿窑，而取得的居住空间（图 3.1）[21]。

图 3.1　深潜土塬，四壁凿窑

3.1 地坑窑院民居的营造特点和建造工序

3.1.1 地坑窑院民居的营造特点

1. 深潜土塬，融于自然

地坑窑院民居深潜于土塬，最大限度地与黄土融为一体，与大地连成一片，浑然天成，充分保持自然生态的原始面貌，是所有住宅形式中附着于大地、最接近"地气"的民居，被称为"地平线以下的村庄""镌刻在大地上的符号"、中原地区的"地下四合院""人类居住文明的活化石"等。因此，有流传甚广的歌谣"进村不见村，树冠露三分，院子地下藏，窑洞土中生""见树不见村，闻声不见人，人在地上走，树在脚下摇""未见村郭闻犬吠，等闲平地起炊烟"。这些歌谣是地坑窑院民居真实的写照（图3.2）[22]。

图 3.2 融于大地的地坑窑院民居

2. 减法负荷营造，取于自然

地坑窑院民居的建造不同于常见地面建筑的建造方式，不是用建筑材料建造有体量的地面建筑。与"添砖加瓦"的加法负荷营造模式相反，地坑窑院民居的所有庭院和居室等建筑空间，都是用"减法负荷营造"模式，在黄土塬的"无限体"中以"掏"的方式营造的（图3.3和图3.4）[23]。

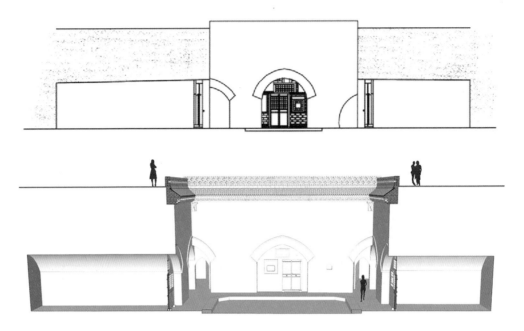

图 3.3 "掏出"的庭院和居室剖透视图

图 3.4 "掏出"的庭院和居室实景图

3．无栋梁的自支撑结构体系

传统房屋建筑形制中栋梁具有举足轻重的结构支撑功能。地坑窑院民居的结构体系完全由挖凿成型的纯原状土拱作为窑室的自支撑体系，没有栋梁支撑，也没有其他支护，但仍能够百年甚至数百年不坍塌。即使在地震多发区（地坑窑院民居聚集区大多分布于地震多发地带，45% 的窑居区地震烈度在 7 度以上）建造年代达百年以上的地坑窑院也很普遍。对地坑窑院民居集聚区的实地调查表明，这些土拱体系的几何形状与合理拱曲线非常相似（图 3.5）[24]。

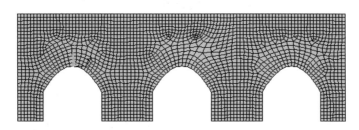

图 3.5　无栋梁的自支撑结构体系

4．"土尽其才"，归于自然

地坑窑院民居就地凿土挖院掘洞，强调人与自然的和谐及建筑与自然的结合，把对黄土资源的利用发挥到了极致。通过竖向挖院、横向掘洞，取得窑院空间和室内空间，最大限度地利用原状土体作为窑壁、窑顶，或打成土坯（在窑居区称为胡墼），砌筑洞口墙和火炕（图 3.6）。当窑院坍塌废弃后可迅速归于自然，或垫坡填坑（图 3.7 和图 3.8），或用于耕种（图 3.9）[25]。

图 3.6　黄土的窑院、窑室、房屋和围墙

图 3.7　庙上村 10 号院（2007 年）　　　　图 3.8　庙上村 10 号院（2014 年）

图 3.9　人马寨村某窑院坍塌后复耕（2015 年）

5.“约定俗成”的营造方法

　　地坑窑院民居的营造方式大多以当地窑匠的经验为依据，没有经过力学性能的理论分析和科学计算；构筑尺寸没有进行正规设计，其巧妙的构筑技术、宝贵的建筑经验、严谨的营造工艺，数千年来大多以口传心授的方式在民间工匠中流传和演进，没有形成系统的理论，也很少见于文字，但已成为地坑窑院民居聚集区“约定俗成”的准则和规范。

3.1.2　地坑窑院民居的建造工序

在黄土塬窑居区，流传着"方院凿窑，一世最忙"的说法，人们把修建窑居看成家庭的头等大事，窑院建得如何关系到子孙后代的幸福。因此，虽然没有进行专门的分析计算和规划设计，但在千百年的发展、演变和传承的过程中，窑匠们以口传心授的方式，使地坑窑院的修建完全遵从严谨而复杂的建造工序，具有独特技术体系的建造过程。

1. 地坑窑院的建造流程

建造一座地坑窑院一般要经过：策划准备→择地相地→定位方院→下窑院→开挖入口门洞→打主窑→打其他窑→刷窑剔窑→砌护崖檐→扎拦马墙→筑窑牌、做勒脚→砌炕、砌灶→扎窑隔→修建窑顶排水坡或排水沟→安门框和窗框→泥窑室、泥崖面→修地坪、打坼台→打水井和渗井→装饰细部等一系列复杂而有序的过程（图 3.10）。

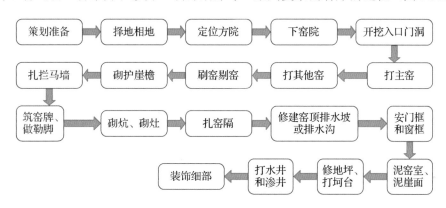

图 3.10　地坑窑院的建造流程

完成一座地坑窑院的建造是一个很长的过程，最快也要 2 ～ 3 年才能完成，这是由于黄土层的土质条件决定的。暂时不需要太多居住空间和经济条件有限的住户，往往在窑院建设完成后，根据需要和条件择时开凿窑室，这样的地坑窑院建造时间跨度会更长。

2. 地坑窑院建行的内在准则和规范

地坑窑院在建造过程中，建筑布局、结构、技艺都有内在的准则和规范，涉及院落方式、建筑之间的对应关系、建筑的体量与尺度、建筑和结构的构造方式、建筑装饰的施用和题材。这些准则和规范已成为当地民间共同遵守的准则和规范。

3. 地坑窑院营造技艺的传承方式

能够营造构筑巧妙、存在自然、居住和谐的地坑窑院民居的匠人在窑居区享有很高的社会地位，建造一座地坑窑院的相当一部分费用是用来请窑匠的。匠作技艺被族人视作传家宝，一般不外传。数千年来地坑窑院的营造技艺都是以口传心授的方式代代相传的。

然而，随着近年来地坑窑院民居急速地泯灭和消失，代代相传的民间营造工艺和技术不再被族人视为家传技艺。由于没有文字记载，随着窑居区老匠人们的相继离世，地坑窑院的营造技艺也随之处于濒危的状态。2010 年 6 月，地坑窑院营造技艺被列入第三批国家级非物质文化遗产名录。

3.2　相地和方院子

3.2.1　相地

相地[26]，即在窑院建造前进行选址和定位，也就是选择地坑窑院的居住环境，确定地坑窑院所处的方位。地坑窑院分布的地区大多是沟谷环绕且有陡峭边缘的黄土塬区，选择理想的居住环境至关重要。

1. 选址

地坑窑院的选址有以下原则。

（1）后有靠山

地坑窑院选址的基本要求之一是：前不蹬空，后有靠山。凡院后有山梁大塬者称为"靠山厚"。"靠山"要博大雄厚，山脉要悠远深长，对宅院呈环抱之势；"靠山"忌选"青脊"，即刀背形的山脊；凡宅院后临沟无依托者为"背山空"，一般不考虑。

"靠山厚"的科学性在于后有靠山可以阻挡冬天袭来的寒风；而山嘴、山尖和山脊地形尖陡，常为风口所在。且风向忽上忽下，忽左忽右，时而呛面，时而灌顶，易致人吃风纳寒，灾病较多。被山脉环抱，不仅能够抵御寒风，还可以获得足够的日照。

（2）院前开阔

保证窑院前的视野开阔也是选址的基本条件，为此有五忌：一忌怀山过高、过近且临破败，二忌"瞅头山"，三忌缺角内陷，四忌宅前逼窄，五忌冲沟临岔背弓水。

"怀山"是指宅院前的山峁，如果山峁是圆顶和平顶，不太高又不太近，则视为理想之地。过高有违于"后高前低"的原则；过近则出气不畅不顺；而临破败，是由于自然塌陷和人为挖掘，使面前的山面目狰狞，没有美感。

"瞅头山"是指宅前一山梁，而视线中越过山梁又现一个小的山尖，这种山尖被称为"瞅头山"；宅前的山峁不仅要求不高不近，还要求不能缺角、内陷。宅前逼窄就是宅前视野受阻、狭窄，给人的感觉是出气不畅。

忌冲沟临岔背弓水，说的是当宅前有冲沟，或临岔口，或有背弓水时忌之。有冲沟意味着"前蹬空"；岔口岔道，更甚于缺角内陷；宅前流水的走向大有文章，民间有"宁眠弯弓水，不居背弓水"之说。

以上"五忌"，实际上是自然环境给人的视觉感受。

"背有厚山环抱，前有弓水环绕"——形成了两个弧形拥抱的形胜。从审美的角度上讲，所追求的是自然环境和人的居住环境的和谐美，是"天人合一"观念的体现。

2．定方位

地坑窑院的定位，以主窑为基准，有四种窑院形式，分别是北坎院、东震院、西兑院、南离院。

以上四种宅院，各有各的不同。但共同的特点是：符合当地人信奉和推崇"天人合一"的学说，蕴藏着丰富的当地民间文化和"约定俗成"的定位规律。

地坑窑院中窑室的命名也是"约定俗成"的。与窑院名称中朝向相对应的中间窑室称为上主窑，与上主窑面对面存在的窑室称为下主窑。上主窑两侧一般设计两个窑室，当崖面尺寸有限时，窑室的入口处只能设置为半拱形式，所以称为角窑。古代有"以左为尊"的礼仪原则，所以上主窑左边的角窑称为上角窑，右边的角窑称为下角窑（图 3.11）。

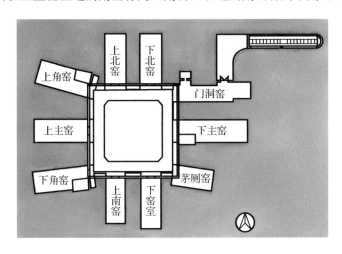

图 3.11　地坑窑院的方位示意图（西兑院）

3.2.2　方院子

按照选定的方位和尺寸，定坐向、下线桩，当地称为方院子，即放线。

方院子是根据宅基地大小，宅主和窑匠通过选定各个崖面上窑洞拱顶跨度尺寸来确定天井院的长度、宽度及深度，在地面上通过线桩定出窑院的边线，并用线绳、木桩加以确定，以此为准进行窑院的开挖边线。

方院子时，首先根据宅基大小、所需窑居室数目，确定窑院的大小。宅基大小一定时，窑室孔数多或窑室进深大，窑院就要小一些，角窑的开口只能是半口和小半口。窑院比较小时，窑院深度要浅一些，否则院落和居室的采光都不好，人在院内活动也会感到压抑。反之，窑室孔数少或开挖进深小时，窑院可以大一些，窑院和居室的采光和通风效果都会好一些。

1．小院子

窑院的方位和大小尺寸确定以后，窑匠使用指南针，开始放线。

先放窑院中心的十字线，然后放边线。中心线是根据事先确定的院心的位置、方位和大小来确定的，设院心的位置为 O 点。四周的边线以中部窑脊为基准放线，西面和东面中部窑脊的位置分别位于 E 点和 F 点。O、E、F 三点连成一条直线为 1—2 线，使 $EO=OF$。然后，在地面放出 5—6 线、3—4 线、7—8 线，使它们分别垂直于 1—2 线，再确定出院心的角点 A、B、C、D，使 $AB \perp EF$，$CD \perp EF$，$EA=EB$，$FC=FD$。这样保证了以 AB 边为主面，以上主窑窑脊 E 为中心的对称分布。再将 AC、BD 向两端延长。所有点的定位都应由两条相交的线来确定。

窑院四周的线放好后，还要进行验线，其目的是检验窑院是否是矩形或方形。检验方法是比较放好的线的对角线是否相等，如果对角线相等，即 AD 等于 BC，则放好的线就是方形或矩形，如果不相等，要进行调整或重新放线。

放好线以后，用墨斗喷线（图 3.12）。在 AC、BD 两端延长线的适当位置打桩，将每个角上楔上 2 个桩子（每个方向一个），共 8 个桩，再加上中间线的 4 个桩子，一共 12 个桩子。图 3.12 中箭头处为打桩的位置。

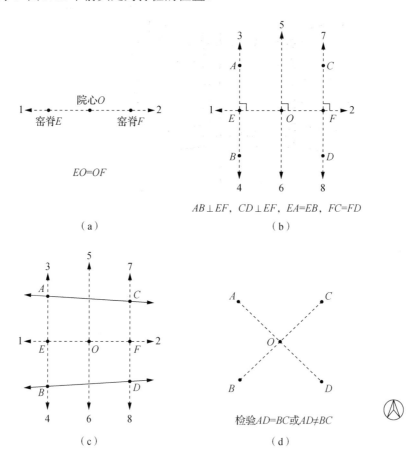

图 3.12 方院子（较小的院落）

2．大院子

对于较大的窑院，通常要先开挖田心院。

田心院的放线是方院子的一个组成部分。假设宅基地的四个端点依次为 A、B、C、D，主窑方向为 AD 所在的方向，上主窑计划营建进深为 a，下主窑计划营建进深为 b，窑院计划营建长度为 c，宽度为 d，其他窑洞最大进深为 e，则整个定坐向、下线桩的过程如下（图 3.13）。

1）将 AC、BD 两两相连，交于中心点 O，如图 3-13（b）。

2）自中心点 O 引平行于 AD 方向的线 L_1，自中心点 O 做 L_1 的垂线 L_2，如图 3-13（c）。

3）以 O 为中心将 L_1、L_2 旋转一定角度，得到直线 L_3、L_4，如图 3-13（d）。

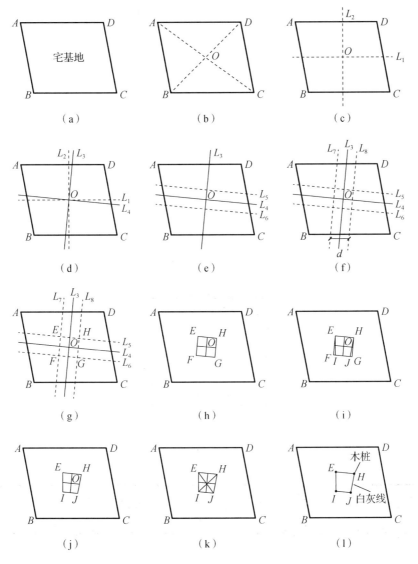

图 3.13　窑院放线步骤

4）做 L_4 的平行线 L_5、L_6，L_5、L_6 之间的距离称为田心院的长度，如图 3-13（e）所示 c。

5）做 L_3 的平行线 L_7、L_8，L_7、L_8 之间的距离称为田心院的宽度，如图 3-13（f）所示 d。

6）四条直线 L_5、L_7、L_6、L_8 两两相交于 E 点、F 点、G 点、H 点，如图 3-13（g）、（h）所示。

7）在 FG 线上定出两个点 I、J，使 FI、JG 距离相等且其和为 1 尺（约 33.3cm），如图 3-13（i）所示。

8）形成的 $EIJH$ 就是需要的田心院坐标点，再下桩固定，如图 3-13（j）所示。

9）窑院四周的线放好之后，还要进行检验，方法是用线绳连接对角线，根据对角线长度相等的原理检查院子是否方正，即检 EJ 与 HI 是否相等，不相等时应进行调整或重新放线，如图 3-13（k）所示。

10）用铁锹、白灰、木棒撒白灰线：沿着连接地坑窑院的 4 个角点木桩的线绳方向，用铁锹铲着白灰，用木棒持续敲打铁锹，沿线洒下白灰，完成放线工作，如图 3-13（l）所示。

3.3　下院子和打门洞

3.3.1　下院子

1. 挖界沟

如果窑院居民选择窑院的基地处在耕地层上，需在界线外开挖一环形浅沟。沟宽 1m、深 1.5m（挖到原土层），俗称界沟（图 3.14 和图 3.15），再回填土夯实。这时才在夯实铲平的界沟上面重新划定地坑窑院尺寸。

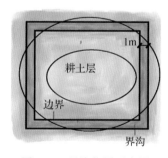

图 3.14　界沟位置示意图

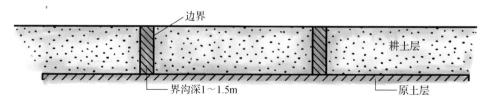

图 3.15　界沟位置剖面示意图

耕地上层上的土成分复杂，含有大量的有机质，其土质与原状土相比强度和密实度都比较差，为了避免开挖窑院时发生崖面土体往院坑大量掉落的状况，需要挖界沟。如果在坚实的原状土上施工，则可省略此工序。

2．开挖方案

1）传统方式：从放好线的院围 4 个角开挖，由 4 组人员同时开挖，一次性挖成。每组所挖的范围大致为院围面积的 1/4（图 3.16）。

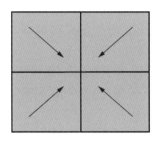

图 3.16 传统方式示意图

2）整体式开挖：一边开挖一边整理，这种方式适用于较小的窑院（图 3.17）。

3）分层式开挖：开挖时，院子的其中一边或相对的两边留成斜坡，向下一次分层开挖，先挖浅层土，再挖深层土；到达预定地面后向两边挖凿形成四方形的院坑，并对土壁进行修缮（图 3.17）。

4）环岛式开挖：在塬面上划好院坑范围后，先沿边开挖 3m 宽的深槽，直至大致 6m 深的预定地面，然后修缮外侧土壁。把土壁晾干后继续向内挖窑坑；适用于较大的院坑（图 3.17）。

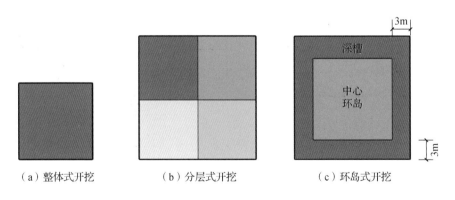

（a）整体式开挖　　　（b）分层式开挖　　　（c）环岛式开挖

图 3.17 窑院挖土方式示意图

3．窑院开挖

（1）开挖时间

开挖时间要根据土壁土体的干湿情况来决定。开挖过程中，土体过于潮湿，强度很低，容易发生崩塌，不利于安全开挖，因此需要进行适当的晾晒；但晾晒的时间过长，土体过于干燥，强度增长很快，挖掘时很困难。合适的开挖时机和晾晒时间一般由有经验的窑匠根据具体情况酌情把握。一座窑院通常需要经过 3 ~ 5 次挖掘、晾晒、再挖掘的循环，才能挖到窑院需要的深度。

（2）窑院开挖尺寸控制

开挖时，人们需要在比预先定好的窑院尺寸稍小一点的地方开始往下开挖，具体可控制在距放线边界一尺（约 30cm），为修理崖面留出空间。这样做有两点好处：一是有利于在挖的过程中放坡，保持崖面的稳定；二是在挖的过程中遇到崖壁土质不均匀或其他不平整的情况有空间处理。在坑底及坑壁有 15cm 厚土层之前可粗挖，在到达上述位置时，需要精挖以确保地坑到预定深度。

窑院的挖掘深度通常比实际深度少 0.5m，这是因为当地习惯于人为营造院坑周边的地势。例如，若院深为 5.5m，挖到 5m 就行，再用垫土垫高 50cm。垫成之后，形成上主窑位置高，下主窑位置低的形胜。

（3）运土方式和人员安排

运土方式的选择关键在于挖土的深度。在挖到浅土层（1/2 窑院深度前）时可采用简单的手工上扬送土，也可以采用人工挑土从坡道往上运土或使用手推车（图 3.18）运土；挖至深土层（1/2 窑院深度后）时，在院坑边支一个绞车装置——辘轳（图 3.19）向上提土。辘轳的数量根据所挖的土方量决定。

参与开挖的人员由宅主安排，人员数量不限，可 1 人单独开挖，最多也可由 50 人分组开挖，人员数量依土层的深浅而定。深层土的挖掘由于需要用辘轳将土从地下绞升出来，因此需要分组进行，通常 5 人一组。地面上至少需要 2 人，1 人负责绞动辘轳提土，1 人负责卸土；窑院内需要 3 人，分别进行挖土、运土和铲装工作。最多可分10 组人员同时进行。

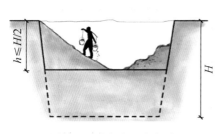

图 3.18　浅层土运土方式

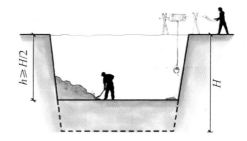

图 3.19　深层土运土方式

3.3.2　打门洞

在院坑开挖完毕后，首先要完成的就是入口门洞的建造，以方便后续施工人员进出。

1. 确定入口门洞走向及放线

（1）确定入口门洞形式

通过已定的地坑窑院深度，确定门洞坡道的坡度，由此推算出坡道水平距离。根据入口门洞坡道的水平距离及宅基地面积确定入口门洞形式。

（2）放线

依照地形条件选择好入口门洞的形式之后，首先需要放线。

根据所选择的入口门洞形式及所推算出坡道的水平距离，确定明洞及暗洞的水平尺寸。明洞及暗洞的水平尺寸并无严格的比例分配，大多情况下两者水平尺寸相等，明洞与暗洞的分界线就是门楼的位置。

确定入口坡道宽度，入口坡道宽度由外到内逐渐等加。以入口宽度为 1.6m 为例，到地坑窑院的入口宽度为 2.6m，即入口门洞的窑洞宽度。

在门楼所在的崖面上画出入口门洞的平面形状，用白灰标出入口坡道及入口门洞的水平位置，施工工艺与窑室开挖类似。

2．入口门洞的开挖

（1）明洞和暗洞的开挖

入口门洞开挖分为两部分：一部分是明洞开挖；另一部分是暗洞开挖。需要指明的是，明洞与暗洞是同时开挖的，即一组人员在黄土塬面上由外向内挖坡道明洞及部分暗洞，另一组人员从窑院内部向外挖暗洞，最后两组人员在转角处汇合。两组人员掌握好方向，待中间剩下一壁之隔时，一方敲击洞壁，另一方听声音，找出通道口，打通通道后，再慢慢整修洞壁，使之完全成形（图 3.20～图 3.22）。

入口门洞的挖掘一开始只是打一个毛洞。毛洞的开挖是从地面上开挖的明洞和从院子里开挖的暗洞两个方向同时进行的。明洞和暗洞地面都有坡道，两侧墙壁均有抹度——上面宽下面窄。因此，在开挖入口门洞时，毛洞的尺寸小一些，每侧大约预留15cm 厚的土，这样才可以整修出符合抹度要求的成窑。分两边开挖的入口门洞毛窑，通常在暗洞中对接。暗洞的形状比较随意，如果对接吻合的情况不理想，可以通过暗洞扩展将其结合到位。

图 3.20　入口门洞开挖实景图

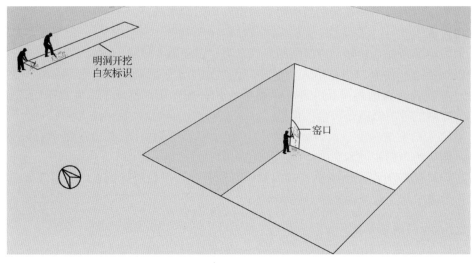

图 3.21　入口门洞开挖示意图（西兑院）

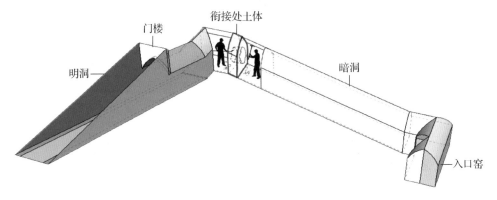

图 3.22　入口门洞开挖衔接实景图和示意图（西兑院）

入口门洞的明洞和暗洞的开挖技艺与普通窑室的基本相同（参见本章 3.4 节）。不同之处在于，入口门洞地面具有一定坡度（坡度＝通道总长／地坑深度），且空间截面尺寸不变，整体呈平行上升趋势。挖入口门洞应先挖成毛洞，再按标准进一步修缮。弯形阶梯式通道应窄些，一般在（1.5m）左右。开挖时窑匠先挖一个样板，深约为50cm，根据坡度确定窑轴线大致走向，以小于券形尺寸往里挖。由于门楼下那部分暗洞至转折点进深较小，可以一次成型。

（2）挖排水沟

在挖排水沟时，一般将排水沟设置在入口门洞一边的边缘，宽度为 15 ～ 20cm，深度约为 10cm，底部做成凹形，从地面沿门洞直接通到窑院内部，然后挖排水沟通至渗井处（图 3.23 和图 3.24）。排水沟应用砖砌或瓦铺或直接在黄土上做水泥抹面，这样做不易堵塞，有利于排水顺畅。

（3）修坡道

窑居区入口门洞的坡道常见的形式有三种，即漫坡式坡道（图 3.25）、台阶式坡道（图 3.26）、混合式坡道（图 3.27）。早期窑民多使用漫坡式坡道，坡道多为黄土，后来人们为方便出行在坡道中间加入碎石。台阶式坡道比较常用，多用青砖铺砌。台阶与漫坡结合的混合式坡道形式，方便了架子车和自行车的出行。

图 3.23　明洞中的排水沟

图 3.24　暗洞中的排水沟

图 3.25　漫坡式坡道

图 3.26　台阶式坡道

图 3.27　混合式坡道

　　修坡道的工序：首先用土工工具清理门洞内的地面，高低不平的地方要尽量使其平整，避免出现凹坑；然后将砖或石砌块按照设计的坡度要求砌筑。砌筑时，要在门洞两侧预留出排水道的位置，便于地面上雨水回流到院子内部。

（4）扎小拦马墙

为保证人畜安全，同时防止雨水对门洞坡道造成破坏，需在坡道两侧顶部设置拦马墙，为有别于窑院拦马墙，称坡道两侧顶部设置的拦马墙为小拦马墙。同时坡道顶两侧土体也要进行相应处理。小拦马墙建于除下坡处的其余三边，可用青砖砌筑成高30～40cm 的矮墙（图3.28），其做法同窑院拦马墙的做法，将在3.5 节阐述。

图 3.28　小拦马墙

（5）修门楼

门楼是地坑窑院极为重要的一部分，居民想进入窑院必须通过门楼，因此许多居民非常注重门楼的修饰。入口门洞的开挖其实并不复杂，关键是在修饰方面下的功夫较大。门楼的修饰因经济实力的不同而差异很大，具体营造方法与窑院护崖檐有异曲同工之处，可参见 3.5.1 节砌护崖檐的相关内容。

3.4　打窑、剔窑和泥窑

待窑院成形，门洞开挖完毕，此时窑院四面崖面都属于潮湿土面，进行开挖窑室工作容易出现坍塌，所以在进行窑室挖掘前窑院必须要经过一个冬夏的自然风干，然后才可在窑院的崖面上开挖，这一过程俗称"歇茬"。根据风干程度，"歇茬"大概需要1～2 年。

一座地坑窑院由 8～12 孔窑室组成，合理地安排开挖顺序是至关重要的。若安排不合理，会导致开挖工程中土体坍塌，既破坏了以前的劳动成果，又会影响人们的安全。

两孔相邻的窑洞同时开挖对局部土体有较大的扰动，容易导致局部坍塌。

约定俗成的开挖原则：①不能同时开挖同一崖面相邻的两个窑室；②挖掘只能在四崖面的其中一个面挖掘，不能同时在两个崖面或多个崖面同时挖掘。大多数情况下首先开挖主崖面主窑。以西兑院为例，按照对边开挖的顺序，选择四个崖面各打一孔，然后依次挖凿其他侧窑（图3.29）。这样做有利于整个地坑窑院所在土壤内部应力进行重分配，既可以保证施工安全，又可以使窑室变得更加坚固、耐用。

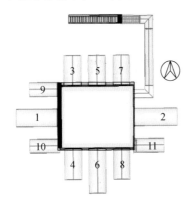

图3.29　窑洞开挖顺序（西兑院）

一座地坑窑院修建时间的长短主要是由挖掘窑室的多少和晾窑时间的长短决定的。除此之外，建造者数量和技艺的纯熟度也是决定修建时间的因素。一般来讲，一座地坑窑院挖掘需要5～10年。就一个窑室而言，其形成需要经历打窑、剔窑、泥窑、地面铺装等一系列复杂的工序才能初具规模。

3.4.1　打窑

所谓打窑，就是毛窑形成的过程。毛窑是指具有窑洞大致形状的窑洞。

1．定点放线

根据所挖院坑的平面尺寸，定出各个窑室的尺寸。一般来说，上主窑都是9-5窑，其他窑都是8-5窑，入口高度略低于上主窑。

窑匠确定拱轴线拱顶、两个拱脚的位置，并将木楔固定在这三个位置，以使目标明确（图3.30）。这三个点是确定拱轴线的重要依据。这三个点选定之后，根据土质条件和窑院布局尺寸确定拱轴线的形状及窑腿尺寸，从而确定洞室的轮廓。用羊镐或镢头在崖面上画出洞室正立面的大致轮廓线（图3.31）。

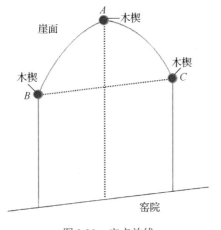

图3.30　定点放线

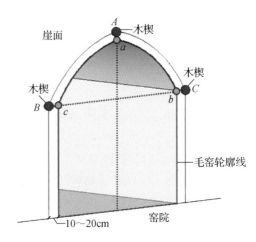

图3.31　毛窑轮廓线

2. 打毛窑

用羊镐或镢头沿着刻好的形状横向开凿窑洞时，开挖尺寸要比实际的设计尺寸每边小 10～20cm，称为毛窑轮廓线（图 3.31）。窑匠按照毛窑轮廓线横向掘进，以便后期遇到特殊情况时进行调整。

横向掘进，进深达到 2～3m 后，须将洞晾一段时间，使窑壁新土风干坚硬；晾干之后再继续沿进深开挖，再挖 2～3m，再晾；这种工序往往要重复两三次，直到窑洞进深尺寸接近预定尺寸，至此完成了毛窑（也称雏窑）的开挖（图 3.32 和图 3.33）。

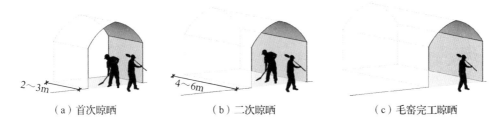

（a）首次晾晒　　　　　　　（b）二次晾晒　　　　　　　　（c）毛窑完工晾晒

图 3.32　毛窑的晾晒过程示意图

在开挖过程中需要注意的是，晾的时间过长，土体强度会变大，不利于开挖；晾的时间短，土体含水率较大，容易坍塌，不利于安全开挖。有经验的窑匠能够很好地掌握挖土的时机。一般黄土的含水率在 15%～20% 时既易于开挖又不会坍塌，其晾晒时间一般为 20d 左右。

1 孔窑室需 4 个人共同配合才能有效地开挖完成：1 人使用羊镐或者镢头挖土；1人用箩筐或簸箕装土；剩余 2 人用辘轳将土从院坑运到黄土塬面——1 人在院坑里吊土，1 人在地坑塬面上运土。4 个人各司其职，分工明确。辘轳一般安置在院坑的 4 个角，所开挖的窑室离哪个角近就将辘轳放在哪个角。

打毛窑时必须注意窑洞的掘进的截面尺寸应与崖面放线的截面尺寸一致。挖一段进深距离要用土工尺进行窑洞截面尺寸的测量（图 3.34）。打窑时，窑洞内侧地面高度一般比外侧地面高度低 20cm 左右，形成前高后低的形式。这样做的目的：一是在窑内做饭时有利于排烟；二是有利于窑里排出湿气（图 3.35 和图 3.36）。

图 3.33　完成的毛窑

图 3.34　现场丈量窑洞内部尺寸

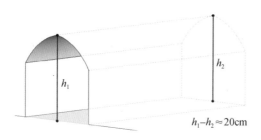

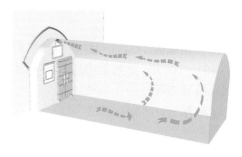

图 3.35　窑内高差示意图　　　　　　　　图 3.36　窑内通风示意图

3.4.2　剔窑

毛窑完成后，由于内壁凹凸不平，窑匠要进行剔窑，即将窑室内多余的土体剔除。经过剔窑处理后的窑洞基本达到预先设定的窑形。剔窑工序是从内壁窑顶开始的，从上到下，先修削剔出窑形，然后把窑壁剔光，使之内壁平整。

1. 放线

剔窑前，首先要放 3 条线，即一条窑脊线（L_1），两条窑带线（L_2 和 L_3）（图 3.37）。窑洞室进深方向上的拱顶线称为窑脊线，进深方向上拱脚与窑腿接触而成的线称为窑带线。设置窑脊线是为了确定窑内拱顶的位置，窑带线是窑洞内壁开始起拱的基准线。施工时，根据打窑时立面上所定的 3 个点向窑室内拉白线定位。

需要注意的是，打窑时窑洞内侧高度一般比外侧高度低 20cm 左右，因此窑带线并不是水平线，窑口处窑带线比窑后部窑带线高 20cm 左右，使窑脊线与窑带线平行，以保持同一平面拱矢高度不变，有利于拱顶受力均匀。一般来说，9-5 窑要从地坪 5 尺 5 寸（约 1.83m）处起拱，8-5 窑从 4 尺 8 寸（约 1.6m）处起拱。放线前为了方便放线，还需搭架子。传统的架子是用木棍、绳子、竹耙制成的（图 3.38）。

线放好以后，窑脊处垂吊一铅锤线作为施工标志，据此来调整洞口尺寸，使内外对称、均衡。

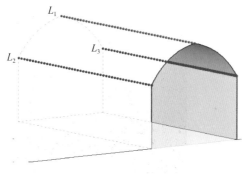

图 3.37　窑脊线及窑带线　　　　　　　　图 3.38　脚手架

2．开槽

先用铁锹将大块的土体盘出来，然后用羊镐整理窑脊线和窑带线上的土，沿着线的方向将多余的土用尖锹刮掉，剔出基准槽（图 3.39 和图 3.40）。槽的宽度一般为 3～5cm，深度以调整粗挖窑形至实际窑形为准，一般为 10cm。3 条放线位置的槽剔好以后，可以作为刷窑的标准。此时，只有基准槽和窑壁上窑洞口是精确的。

图 3.39　窑脊槽

图 3.40　窑带槽

3．刷窑

依据精确窑形和垂直于窑崖面的基准槽，用四爪耙、铁锹、羊镐或镢头精修窑洞内部尺寸形状，一直到形状规整且达到预定尺寸为止（图 3.41 和图 3.42）。刷窑时如果有局部坍塌，要先将坍塌部分清除，再用胡墼填砌。

刷窑是一个精细的工作过程，一般由有经验的窑匠来完成这道工序，以保证室内墙体和拱形屋顶的平滑（图 3.43）。

图 3.41　镢头刷窑

图 3.42　羊镐刷窑

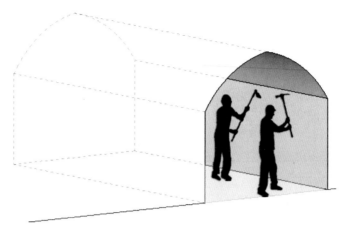

图 3.43　成窑示意图

3.4.3　泥窑

剔好的窑洞表面并不平整，需要通过后期修饰达到平整的美观需求，如对窑洞表面进行粉刷，这道工序被称为泥窑。通常要泥三层：第一层用长度为 3cm 左右的麦秸和土搅拌成的泥浆；第二层用长度为 2 ～ 2.5cm 的麦秸和土搅拌成的泥浆；第三层用白灰和细沙子抹面，沙灰比约为 2 ：1。

在泥窑过程中有以下几点需要注意。

1）泥窑之前窑洞一定要晾晒透彻，较为容易的判断标准是窑洞内墙面 30cm 厚度内的土层已经完全干透。

2）最好在冬季泥窑，在这个时段泥窑日后不容易返潮。

3）和泥的土最好采用干土，土质要细，不能带有大的土块，使用之前用细筛过滤。用这种土和的泥韧性大，泥成的窑面光滑。

4）泥第一层窑的时候不能抹光，第一层泥稍微晾晒成形，在湿气将退未退之时泥第二层。

5）稻草、麦秸应坚韧、干燥，不含杂质，最好使用当年生产的。在使用前要把麦秸和稻草轧扁，之后用铡刀切成长 2 ～ 2.5cm 的小段，其长度不应大于 3cm。在条件允许的情况下，稻草、麦秸应经石灰浆浸泡处理，以达到防腐的目的。

6）麦秸泥是用黄土、碎麦秸掺定量的水搅拌而成的。

3.5　砌护崖檐和扎拦马墙

一个窑院不论拥有多少孔窑洞都只有相互围合的 4 个崖面，每个崖面都是窑洞所在面的唯一外立面。组成崖面的主要元素有护崖檐、窑脸、戴帽、窑口、窑隔、窑腿、门、窗、气窗、勒脚（穿靴）等（图 3.44）。

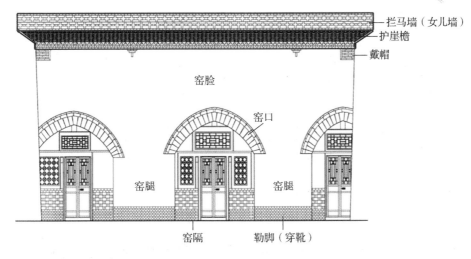

图 3.44　崖面构成及护崖檐和拦马墙位置

护崖檐是崖面中重要的元素，它是崖面檐口挑出的构件，用以保护崖面，因而被称为护崖檐；拦马墙是沿崖面四周护崖檐上部砌筑的小矮墙，功能相当于现代建筑中的女儿墙，是地坑窑院民居中不可或缺的要素之一 [27]。

3.5.1　砌护崖檐

在地坑窑院民居中，护崖檐的作用主要有以下几个：①引导雨水流向，使崖面不被雨淋侵蚀，延长崖面的使用寿命；②装饰民居，美观大方、错落有致的护崖檐给地坑窑院民居带来了一种独特的美感，使窑院更富有生机；③标志与象征作用，每一种护崖檐都代表了当时的建筑水平和审美标准，是地坑窑院民居发展史的重要标志。同时，护崖檐的品质也象征着窑院居民的生产水平（图 3.45）。

护崖檐的主要材料为瓦。根据瓦的外观，护崖檐可分为小青瓦护崖檐、筒瓦护崖檐、平瓦护崖檐和石棉瓦护崖檐等类型（图 3.46）。

图 3.45　地坑窑院民居的护崖檐

（a）小青瓦护崖檐

（b）筒瓦护崖檐

（c）平瓦护崖檐

（d）石棉瓦护崖檐

图 3.46　护崖檐的类型

护崖檐类型不同，其民间营造工艺也不尽相同。其中，"狗牙形"的小青瓦护崖檐使用得较为普遍，故本节以此为例，探讨其民间营造工艺。

1. 护崖檐的构成

小青瓦护崖檐使用的是青砖和小青瓦等防水材料，由扒砖、狗牙砖、跑砖、槽瓦、板瓦层层挑出砌筑，再在檐坡上撒青瓦构成（图 3.47 和图 3.48）。

图 3.47　小青瓦护崖檐实景图

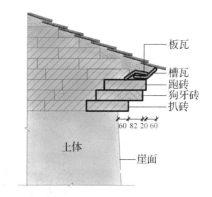

图 3.48　小青瓦护崖檐剖面图（单位：mm）

小青瓦有滴水瓦和板瓦两种（图 3.49）。板瓦主要放置在屋檐的中间，滴水瓦主要放置在屋檐的最边缘部位，起引导雨水的作用。小青瓦纵向排列，一列瓦的数量一般为奇数，主要有 5 片 4 种、7 片 4 种、9 片 4 种和 11 片 4 种。特殊情况下，也有只有一排瓦的小青瓦护崖檐。

图 3.49　小青瓦中的板瓦和滴水瓦

2．护崖檐的砌筑

在护崖檐砌筑前，窑匠应清理崖面顶部边缘 1m 宽度内的杂物，铲除生活垃圾、碎石等，绕着窑院的四边分别挖出宽 1.0m、深 60～70cm 的凹槽，夯实凹槽底面或在凹槽底面找平并铺上一层胡墼（图 3.50）。

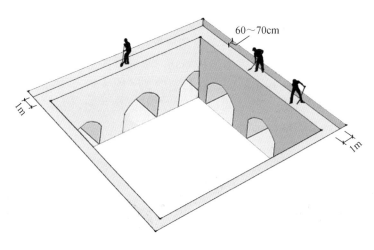

图 3.50　护崖檐开挖示意图

（1）砌筑扒砖

扒砖在护崖檐的位置相当于挑檐的基础部位。一般来说，基层砖都采用丁砌的组砌方式，横向全部并列排放（图 3.51），这层砖要伸出崖面 6cm，纵向共 4 排，总宽度为 24cm×4。

（2）砌筑狗牙砖

在第一层基础上砌筑第二层狗牙砖。

第二层边缘的一列砖倾斜 45° 砌筑，砖的一角突出基层扒砖，为了美观，突出部位要保证恰好为等腰直角三角形，像牙齿一样，俗称狗牙砖。突出三角形的直角边长为砖的短边，尺寸约为 115mm，所以砖体突出扒砖的垂直距离等于等腰三角形的斜边高度，计算得 82mm。施工时，窑匠在距离扒砖 82mm 处要拉一条线，作为第二层砖施工的标尺,既提高施工质量,又可节约施工工期。狗牙砖内侧的第二列砖采用规则丁砌,与基层扒砖交错砌筑。狗牙砖组砌方式不规则,所以与第二列之间会留有三角形空隙,可以采用泥浆和碎石块、砖块填补完整,以保证两列砖之间的有效黏结(图3.52)。

图 3.51　扒砖模型图　　　　　　　　图 3.52　狗牙砖模型图

(3)砌筑跑砖

第三层砖称为跑砖。砌筑时,一丁一顺交替进行,第一列外边缘伸出狗牙砖2cm,施工时拉上一条标尺线,这样可以砌筑整齐,提高施工效率(图3.53)。第三层砖第二列在纵向紧挨着第一列直接砌筑,仍然采用丁砌。

(4)立槽瓦和扣板瓦

当前三层砖砌筑完成以后,在跑砖上部放置槽瓦,槽瓦凸向下方,形成凹槽,故称为槽瓦,其放置时水平方向要突出跑砖6cm,竖直方向上高度为6cm(图3.54)。为防止槽瓦下翻,在槽瓦凹向扣上板瓦,以稳定槽瓦(图3.55)。槽瓦与板瓦相扣,之间用泥浆黏结,板瓦与第二列丁砖之间也用泥浆黏结。施工时,在距离跑砖6cm的位置拉上一根线,作为施工的标尺,便于操作。

图 3.53　跑砖模型图　　　　图 3.54　槽瓦模型图　　　　图 3.55　板瓦模型图

(5)砌筑崖檐和找坡

完成槽瓦和板瓦的砌筑后,就可以砌筑崖檐本体了。从第四层开始向上共需砌筑四或五层,可以用砖也可以用胡墼,砌筑时必须推出适当的坡度,这个过程称为"找坡"。如果用普通烧结砖砌筑,在砌筑第五层时,第五层比第四层要错开6cm的距离,然后在砌筑第六、第七、第八层砖时,上一层要比下一层向后方错开12cm的距离,这样便可形成坡度,便于撒瓦,使雨水形成自流。

(6)撒瓦

最外层瓦的砌筑被当地匠人称为撒瓦。

下面以小青瓦为例说明撒瓦方法。撒瓦之前,将含水率适量的土过筛子,除去杂质,加水搅拌,和成黏稠度适中的泥浆。这种泥浆作为撒瓦的黏结材料,既能节省费用,又能满足强度要求。

　　撒瓦过程应自下而上地进行。撒瓦时，最下边一层的滴水瓦通常突出槽瓦约 6cm。横向上相邻的两个小青瓦必须错开放置，错开距离约为 3cm，但第一排除外，即靠近拦马墙的一排瓦和滴水的一排瓦应对齐施工；纵向上的每列小青瓦与相邻的一列应错开放置，错开距离约为 3cm。施工中遵循"两排抬一排，一排压两排"（图 3.56）的施工原则。

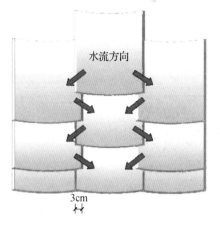

图 3.56　小青瓦护崖檐撒瓦的方法

　　这种交错布置的撒瓦方式，可使瓦与瓦之间相互制约，紧密相接，避免出现瓦缝，进而杜绝瓦缝渗水现象，引导雨水直接顺着瓦的方向向下流，防止雨水渗漏进土体内部，保护窑洞土体的强度和自支撑能力。与此同时，还可防止小瓦松动脱落，起到保护崖面，防止坍塌的作用。

　　撒瓦的次序按照从崖面相交处往崖面中部对接的顺序进行（图 3.57）。

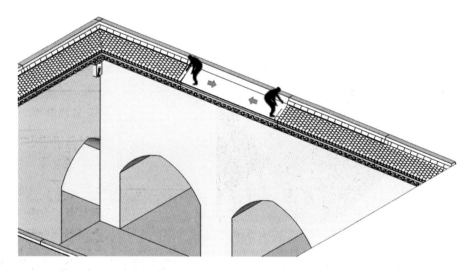

图 3.57　撒瓦的施工顺序

　　（7）扣指甲瓦和搂瓦（图 3.58）

　　撒瓦结束后，沿最后一层平瓦，先相错倒扣一层指甲瓦，在此基础上砌筑 1～2 层胡墼，再在其上扣搂瓦。搂瓦的作用是遮盖胡墼层及撒瓦之间产生的缝隙。实施时，需要先拉一条施工标尺线，便于排列整齐。

　　指甲瓦和搂瓦将拦马墙和护崖檐的平瓦有效地连接成一个整体，两者的有效搭接是窑洞长久屹立的重要保证。指甲瓦用泥浆黏结在平瓦上，搂瓦直接扣在拦马墙与指甲瓦上，黏结材料为泥浆。搂瓦的设置使雨水顺平瓦直流而下，可防止从拦马墙根部缝隙下渗，既保证了土体干燥，又增强了窑洞自支撑的能力。

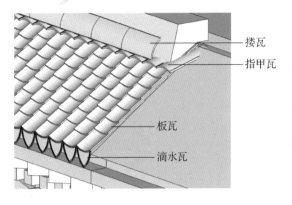

图 3.58　护崖檐中的搂瓦和指甲瓦

（8）角沟的处理

地坑窑院两两相邻的崖面均为阴角，护崖檐的相邻坡度相交处的角沟为 45°；根据其排水方式可以分为以下几种（图 3.59）：第一种角沟处理方式是角沟直接成为排水沟，具体做法是铺设 45°方向的排水沟，使雨水汇集到排水沟，角沟下方多加一片滴水瓦，以保证崖面交接处不受雨水侵蚀。第二种角沟处理方式和第三种角沟处理方式是角沟部分雨水不进行汇集，铺设筒瓦或板瓦的高度明显高于两两相邻部分，沿其坡度分别排水。这三种方式在窑居区都比较常见，第二种角沟处理方式和第三种角沟处理方式对于相邻坡度相交处的崖面防水更为有利。第四种角沟处理方式是将板瓦相互搭接，在下水处将滴水瓦斜切后对接。第五种角沟处理方式是用混凝土在交接处进行现浇筑角沟（图 3.60）。

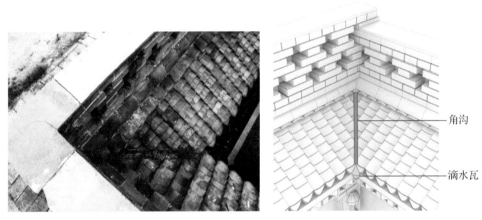

（a）第一种角沟处理方式

（b）第二种角沟处理方式

（c）第三种角沟处理方式

图 3.59　角沟的处理

（d）第四种角沟处理方式

（e）第五种角沟处理方式

图 3.59（续）

3.5.2　扎拦马墙

地坑窑院民居中拦马墙沿地坑窑院院坑及入口门洞明洞顶部四周布置（图 3.60 和图 3.61）。拦马墙是与崖面平行且距崖面 40 ～ 60cm，向地面以上砌筑 30 ～ 50cm 高的墙体。拦马墙的厚度可厚可薄，通常不小于 1 砖长（24cm）。地坑窑院民居中，拦马墙是唯一处于地面以上的部分，黄土塬上现存的传统地坑窑院村落，几乎无一例外地设置了拦马墙 [28]。

图 3.60　窑院四周拦马墙

图 3.61　门洞周边小拦马墙

1．拦马墙的作用

（1）安全作用

地坑窑院的窑背（塬面）是人们的活动空间，人们在窑背上行走、晾晒粮食或修整窑背；然而窑院的院坑深度通常大于 5m，人和牲畜若不慎掉落院坑将会造成严重的伤亡。在院坑及明洞四周设置拦马墙，既能显示窑院位置起到警醒作用，又能给接近地坑窑院的人和牲畜设置障碍，有效防止行走在塬面的人和牲畜不慎跌入坑中，起到保护人和牲畜安全的作用。

（2）改善小气候

地坑窑院的拦马墙可以有效改善窑院内的小气候。例如，陕州区气候干旱少雨，在风沙天气，拦马墙可以阻挡风沙灰尘，以便能较好地保持窑院内部的空气质量，改善局部小气候。

（3）抗倾覆作用

地坑窑院中将护崖檐直接砌筑在崖面顶部开挖的凹槽内，宽度为 60～80cm，挑出部分大于 20cm。拦马墙恰好位于窑院崖面 40～60cm 的土体处，压制挑檐尾部，大大降低了屋檐对崖面的弯矩（倾覆）作用。

（4）防水和引水作用

拦马墙建于护崖檐之上，封堵住护崖檐与黄土之间的缝隙，避免雨水下渗使护崖檐基础与崖面顶部凹槽之间产生裂隙，造成护崖檐结构的破坏。同时，拦马墙可以有效地阻挡窑背上的雨水往窑院方向流，避免了雨水夹带泥土流经护崖檐进入窑院。

（5）装饰作用

地坑窑院深潜于黄土之中，黄土窑室结构形式固定不变，因此窑匠通常在附属构造上下功夫来装饰窑院。作为唯一的地面构件，拦马墙被镌刻上各式各样的花纹。丰富多彩的拦马墙给地坑窑院这种古老的居住形式带来了勃勃生机，它装点着窑院，也表达出地坑窑院里的居民对美好生活的向往。

（6）标志作用

拦马墙作为地坑窑院民居唯一的地面构件，是不进入窑院就能了解窑院居民的唯一途径。一方面，当地居民按照自己的主观意愿和客观条件修筑拦马墙，拦马墙不同的构筑形式可传达窑院居民的各种信息，如经济条件、社会地位和性格喜好等（图 3.62）。另一方面，窑院拦马墙的高度、位置和花形可以作为判断地坑窑院类型的标准。在传统营造中，地坑窑院主窑所在方位的拦马墙，花形较其他三面复杂，高度也比其他三面高两皮砖（图 3.63）。窑院拦马墙的构造，标志着窑院的方位、类型等信息。

图 3.62　地坑窑院四周拦马墙实景图

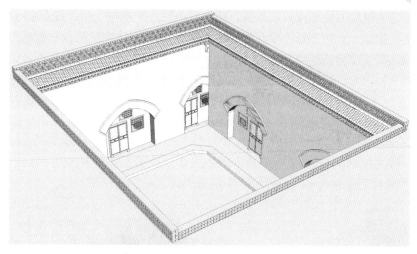

图 3.63　上主窑面拦马墙与其他三面的不同

2．扎拦马墙的步骤

在扎拦马墙之前，首先要设计砌筑花形、高度及宽度。根据要求准备砌筑用的砖、青瓦、砌筑砂浆等材料。十字花形拦马墙在地坑窑院聚集区应用广泛，本书以十字花形拦马墙为例，阐述其民间营造技艺。十字花型拦马墙的材料采用普通烧结青砖或红砖。砖的尺寸为 240mm×120mm×53mm。

（1）砌跑砖

跑砖就是拦马墙最底层的砖，当地人称为跑砖，也是十字花形拦马墙下面的基层砖体。将砖顺砌，两排顺砌砖并列排放（图 3.64）。如果要砌筑比较厚的拦马墙（大于 1 砖长的厚度），可以砌筑多排跑砖，或采用空斗墙砌筑方式并在两排顺砌的砖中夹砌胡墼即可。

（2）砌扒砖

第二层砖被当地人称为扒砖。通常将这层砖全部丁砌，用泥或砂浆整齐地与跑砖砌成一体，这两层砖将护崖檐与拦马墙紧密连接（图 3.65）。

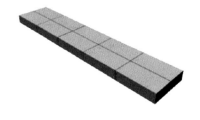

图 3.64　第一层砌筑

图 3.65　第二层砌筑

（3）花形的砌筑

第三到五层砖是砌筑十字花的关键。十字花就是由这三层砖自下而上排列组合而成的。第三层砖的砌筑方法是砌一层顺砖，顺砖分两列，呈花形一侧，每块顺砖间隔6cm，另外一侧正常砌筑，中间不留间隔［图3.66（a）］。第四层砖砌筑时也分两列，花形一侧用半砖砌筑，放置在第三层中顺砖的中间，半砖间距为18cm，外侧一列正常砌筑不留间隔，且与第三层的顺砖相互错缝［图3.66（b）］。第五层仍然是分两列顺砖砌筑，其砌筑方式同第三层。第三到五层砖砌筑完成后，十字花就成形凸显出来［图3.66（c）］。

设置六分眼：为了美观或增加拦马墙的高度，在十字花形拦马墙中会留有以6cm为边长的方形小洞，称为六分眼。十字花形拦马墙在十字花的上部或下部有一层或多层六分眼，图3.66（d）所示为其上有一层六分眼。六分眼顺砖砌筑分两列，花形一侧每块顺砖之间的距离为6cm，并封闭十字花形上口；另一侧不留间隔。

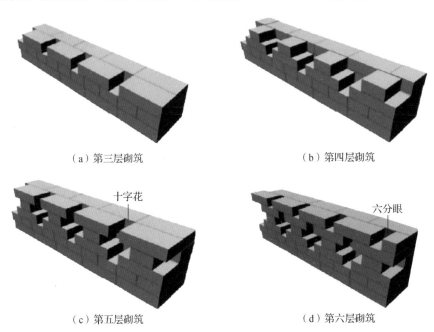

（a）第三层砌筑   （b）第四层砌筑

（c）第五层砌筑   （d）第六层砌筑

图3.66   十字花形砌筑

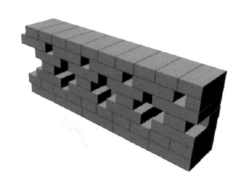

图3.67   砌封顶扒砖（十字花形）

（4）砌封顶扒砖

最后一层是封顶扒砖，与第二层的扒砖砌筑方式相同。至此，十字花形拦马墙砌筑完毕（图3.67）。

3. 拦马墙营造质量控制

（1）拦马墙与护崖檐的关系

砌筑拦马墙时应注意拦马墙与护崖檐基础的位置，拦马墙应位于护崖檐基础的后部，与后部平齐或稍留一定的间隙，以使拦马墙能发挥最大的抗倾覆作用（图3.68）。

（2）拦马墙与窑背土体关系

拦马墙和护崖檐基础与窑背土体接触的地方用黄土填充封闭间隙，并用石碌碾压或木杵夯实，并在其上设置防水坡，防止雨水浸入土体，与砖块连接处产生裂隙而影响拦马墙的稳定性。

（3）拦马墙主窑方向和其他方向

砌筑时，主窑方向上拦马墙较其余三面的高 2 ～ 3 皮砖厚，并在高度过渡衔接处用砂浆砌成小斜坡。过渡衔接处通常位于主窑面旁左右两侧面的 1/5 长度处。

（4）砌筑拦马墙的灰缝

注意砌筑灰缝砂浆饱满度不应小于 98%，特别是空斗拦马墙（图 3.69），以避免雨水侵入造成拦马墙的破坏。

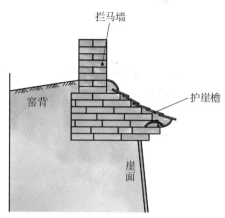

图 3.68　拦马墙与护崖檐基础相对位置

图 3.69　空斗拦马墙

3.6　地坑窑院的给排水系统

传统地坑窑院的水循环系统有着一套独特的运行机制[29]。该系统不仅完好地承担了居民的用水和排污压力，也与当地环境相融合形成了一个良性的小生态圈[30]。

3.6.1　给水系统

地坑窑院中居民的给水主要取自水井（图 3.70）。其直径一般为 0.8 ～ 1m，深度为 20m、30m、40m 不等，以出水为原则[31, 32]。

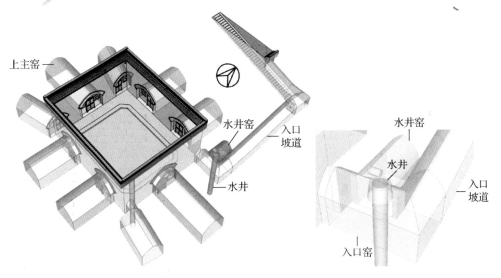

图 3.70　地坑窑水井方位图（西兑院）

1. 水井的位置

水井通常设置在入口门洞，如在入口门洞的暗洞中专门开出一个空间来设置水井（图 3.71），意为"水从入口来"；从地势上看，地下水的流向多从窑居入口处流向院内，入口处地下水位较高，不仅有利于挖井出水，还有利于避免院中污水向水井中渗透，从而保证了水井用水的洁净。地坑窑院民居中利用专门的隐蔽空间设置水井，以保障水源不受灰尘杂物污染。

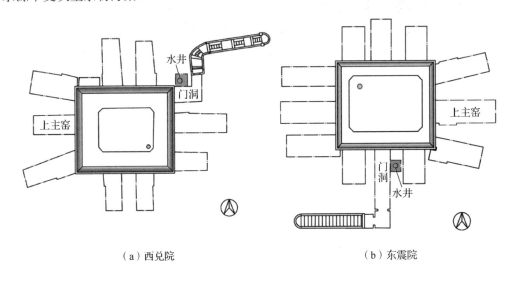

（a）西兑院　　　　　　　　　　　　　（b）东震院

图 3.71　水井位置示意图

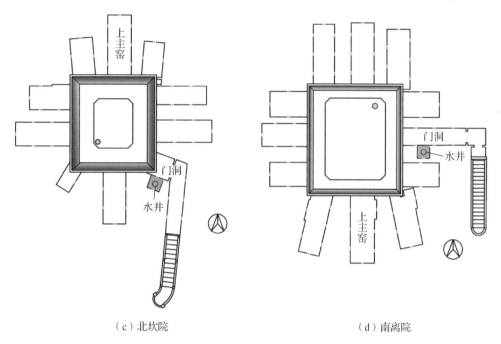

（c）北坎院　　　　　　　　　　　　（d）南离院

图 3.71（续）

2．水井的作用

（1）日常生活用水

人们的日常生活离不开水，井的出现使人们逐渐摆脱了对地表水的依赖和制约，使远离河流的地方有了人类定居的聚落，使黄土高原地区窑居形成成为可能。水井使人们定居的地方不再局限在江河旁边的台地，可以选择远离江河的地方建造地坑窑院、定居生活，能够更有效地躲避洪水的侵害，有更大的生存与发展空间。与此同时，井水较河流水更清洁，对人类的健康大有好处。地坑窑院中的水井是家庭用水的保障。

（2）消防用水

消防是建筑营造中必不可少的设施，尽管地坑窑院民居的建筑结构具有防火的特性，但居民的生活用具等也需要有一定的消防保障。水井处于窑院中间，在发生火灾时可以供人们及时取水、及时灭火，最大限度地避免火灾造成的破坏，保障地坑窑院居民的生命财产安全。水井在地坑窑院消防方面有重要作用。

（3）食物保存

窑居地区水井深度一般为 20～40m，水面附近远离地表，温度较低并且恒定。在科技不发达的年代，居民利用水井较低的温度储存食物得以保持新鲜。通常的做法是在水井边用提篮盛上食物，然后系于辘轳之上，送至井下水面附近，将提篮悬挂于井水之上或浮于冰凉的井水中。这种保存食物的做法方便有效，至今仍在使用。

3．水井的构成

水井由 3 个部分组成：井身、井圈（井沿）、提水工具——辘轳（图 3.72）。

（1）井身

井身是水井的主要部分，通常在窑院入口门洞专门设置水井空间（图 3.73）。掘井时向下挖凿形成的竖向直筒孔穴即为井身。井身井口处直径在 0.8 ～ 1m，这个尺寸可以满足单人掘井操作对空间的要求，便于转身。井深 20 ～ 35m，深度的控制以有水涌出为标准。井身侧壁是挖凿修整后的原状黄土。传统窑居中的水井侧壁未作衬砌，因此为原始的土井。也有的井身侧壁四周由上至下设有浅坑，称为脚蹬穴，供挖井人攀爬。脚蹬穴间隔在 30cm 左右，左右相间排布。还有的井身底部做了适当的扩展，以使水井有更大的出水量。

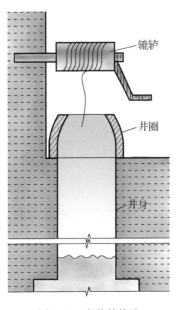

图 3.72　水井的构造　　　　　图 3.73　入口门洞中的水井空间

（2）井圈

井圈也称井沿，是水井井身顶部环绕井口在地面上用砖或石块砌筑或用大块石头雕刻而成的，用来保护水井井口的构筑物（图 3.74）。井圈成环状，高约 50cm，沿高度方向具有一定弧度，弧线向上收拢。井圈可以有效地保护水井，防止泥土等杂质落入井中，也可以防止小孩玩耍时不慎掉入。

（3）辘轳

辘轳是窑居地区用于提水的工具，由辘轳头、支架、手柄、圆木转轴、配重、绳索等构成（图 3.75）。辘轳圆木转轴长 50cm，直径约为 20cm，井绳由草编织而成，直径约为 1cm。窑院居民利用轮轴原理制成了井上汲水的起重装置，水井上竖立支架，支架上架立圆木转轴并配置重物保持平衡，圆木转轴一头安装辘轳头，其上装有手柄。辘轳头上绕绳索，绳索一端系水桶。摇转手柄时，辘轳头可以绕圆木转轴旋转，使水桶起落。

（a）砖砌水井井圈

（b）石雕水井井圈

图 3.74 水井井圈

在挖井身的过程中即可架设辘轳，以便用竹篮提升挖井施工中挖出的土，保持挖掘持续进行。水井建造完成后，辘轳则用于取水。辘轳支架有两种搭设方法：第一种是在井边架设木架，交叉三角形木支架支撑立于地面，圆木转轴搭在交叉木架上，一头固定辘轳头，另一头绑扎配重以保持木架的稳定；第二种是将横杆直接插进水井拐窑的土体中，将圆木转轴固定于水井上（图 3.76）。

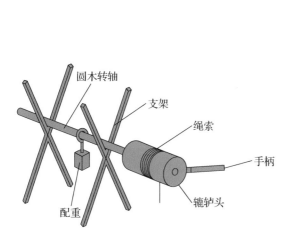

图 3.75 辘轳

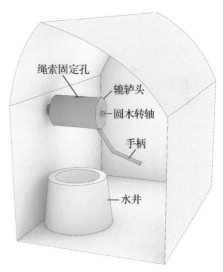

图 3.76 水井

一般水井窑外有排水沟，水井窑内的地面会刻意抬高，避免雨水携带污物流入水井（图 3.77）。

地面抬高 ——

图 3.77　水井窑地面抬高示意图

3.6.2　排水系统

生土地坑窑院民居所有建筑空间位于地面以下，居住空间隐没于地面下的深坑中，"水往低处流"的规律使地坑窑院相较其他居住形式更容易积水、更容易遭受水害的侵袭。此外，地坑窑院民居完全由挖凿成型的纯原状土拱体作为窑居的自支撑体系，对土体的承载能力是有一定要求的。然而当土体遇水时，土的密实性会迅速瓦解，土体的承载能力会迅速下降，导致窑洞的坍塌和破坏。因此，排水问题对于居住在地坑窑院里的人们不仅是生存质量问题还是生存安全问题。

令人惊奇的是，窑匠们合理利用黄土渗流特性，在长期的居住和建造实践中，构造了一套完整、系统、科学、实用的地坑窑院民居立体排水系统。该系统能快速地排出雨水并有效地防止雨水侵蚀对窑院造成的破坏。这套排水系统渗透于地坑窑院民居建造和维护的方方面面且由多个构造集成实现，具体包括窑背散水、护崖檐、门洞排水沟、院内渗井、坷台等（图 3.78）。

　　1．窑背散水设置与地面处理

窑背散水设置于拦马墙外围四周，宽度为 500 ～ 600mm，排水坡度不小于 3%（图 3.79）。在散水宽度范围内，先做基层素土夯实的防水层，后铺不小于 60mm 厚的素混凝土或浆砌片石、砖等；水泥砂浆散水面层可采用 1 ∶ 3 水泥砂浆压光抹平，素土散水需夯实压光抹平（图 3.80）。

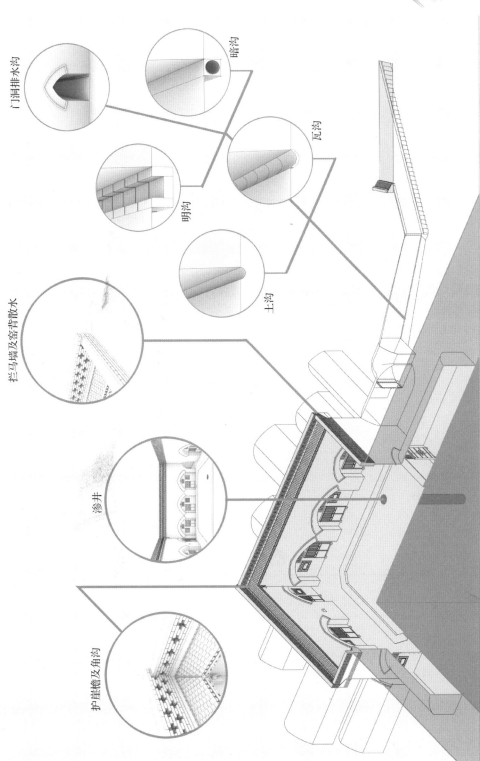

图 3.78 地坑窑院民居排水系统示意图

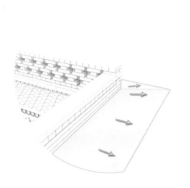

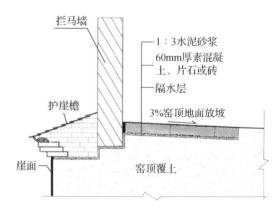

图 3.79　窑背散水位置示意图　　　　　图 3.80　窑背散水的构造

　　窑背地面是窑室的覆盖层，窑背地面渗水会破坏窑洞的土质结构。为了防止雨水倒灌和积存，窑背地面必须保持一定的坡度，便于排水，自拦马墙向窑室进深方向坡度不小于 3%，放坡长度不小于各方向窑室进深长度（图 3.81）。为了保持窑背地面光洁密实，需定期进行碾压除草。每年至少要用石碾进行一次碾平压光；逢雨后，需及时进行碾平压光处理。

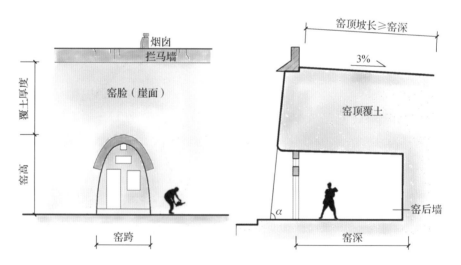

图 3.81　窑背地面的放坡长度

2. 院心防排水构造

　　地坑窑院院心在降雨过程中是聚积雨水的主要部位。在传统营造中，窑匠设置了一系列的防排水构造，排走院心雨水，并有效避免雨水侵蚀窑腿土体。勒脚、坷台、渗井是防排水构造的核心组成部分（图 3.82）。

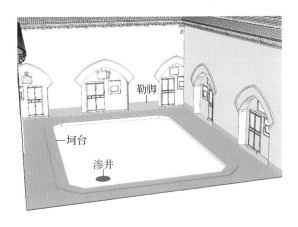

图 3.82　院心的防排水构造

（1）勒脚

地坑窑院民居属于全生土的结构形式，与雨水直接接触会大大降低土体的强度，严重影响结构安全。窑院内部最容易触及雨水的部分是窑腿根部，勒脚就是用防水材料（砖、石等）在窑腿根部嵌入砖或石形成的防水防潮的保护层，这是提高窑腿根部防水防潮能力的有效方法（图 3.83）。

图 3.83　窑院的勒脚（庙上村 6 号院）

勒脚的构造尺寸是：主窑面高度为 540mm（约 9 皮砖厚）（图 3.84），其他面高度为 420mm（约 7 皮砖厚）（图 3.85）；宽度为全窑腿宽度；嵌入厚度为半砖，即 120mm。勒脚的构造方法是：将窑腿全宽度范围内土体削掉半砖厚，将砖嵌入，用水泥砂浆平砌，并填实嵌入体与本体的接缝。当然，部分经济条件不好的家庭也会根据情况减少砖的皮数，但一般上主窑面的砖的皮数会多于其他面。

（2）坷台

以崖面根部勒脚处为起点，向院中心（简称院心）延长一定宽度，并沿 4 个崖面环绕院心所修筑的一圈高地，称为坷台（图3.86）。坷台的作用有两种：一是便于行走，特别是在下雨天，居民在院内坷台上行走时不会沾到泥泞；二是便于排水。

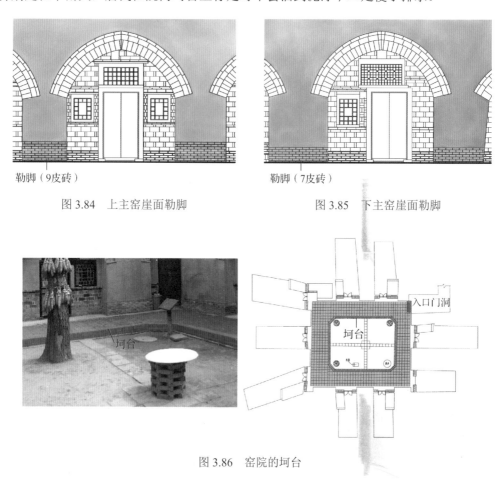

勒脚（9皮砖）

图 3.84　上主窑崖面勒脚

勒脚（7皮砖）

图 3.85　下主窑崖面勒脚

图 3.86　窑院的坷台

坷台的砌筑可分为两个部分，先砌靠近院心的一圈内沿，再铺砌剩余的大面积活动区域。主要施工流程包括：放线→铺坷台内沿→找坡→铺砖或素土夯实（图3.87）。

坷台内沿的砌筑方式有很多种（图3.88），根据地坑窑院居民不同的要求或经济条件选择不同的用砖量，一般使用砖、青石进行砌筑。其余部分通常使用砖、青石或碎石铺设成硬地，经济条件不好的家庭也有用土筑坷台的。坷台的宽度是根据窑院的大小来确定的，一般取1.7m，当窑院比较大时也可取1.8m，甚至可以取2.0m。坷台在宽度方向上要有一定的坡度，便于四面的雨水流向院心。坷台的高度比较浅时取12cm，比较高时取18cm，符合砖的模数。

坷台将院心区域分为两个动静不同的空间，在院心四周形成一个平整美观的区域，在满足排水需求的同时，也满足人们在院内的行走需求。坷台形式灵活多变，为地坑窑院提供了错落有致、干净清爽、富有生机的内部空间。

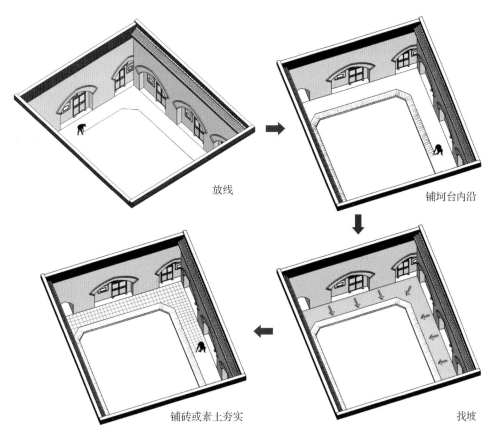

放线

铺坅台内沿

找坡

铺砖或素土夯实

图 3.87　坅台的施工流程示意图

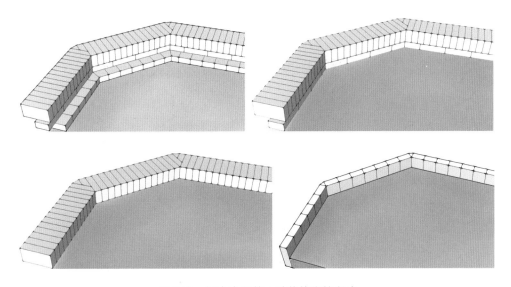

图 3.88　坅台内沿的 4 种传统砌筑方式

（3）渗井

掩藏于塬下的地坑窑院民居无法建造引流至外的排水排污管道，且集中污水至塬面，耗时耗力难以实现，排水排污问题难以解决，因此用渗井将雨水及污水排至深层地下是合理可行的选择。渗井也称为集水井，是地坑窑院民居中排水排污的重要设施（图 3.89），渗井的构成如图 3.90 所示。

图 3.89　窑院中的渗井

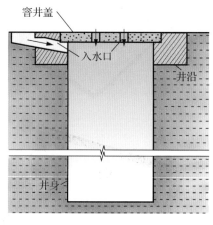

图 3.90　渗井的构造

渗井的井口直径通常在 1m 左右，尺寸通常略大于水井，较为宽阔的井口使渗井有较大的容积，能大量地储水、排水。根据民间建造经验，集水井的深度和窑院的深度大致相等（图 3.91），这个深度的设定也与当地的气候相适应，能够满足最不利降雨条件下的储水量。例如，窑院中 6m 深的集水井打 6.5m 深，多出的 0.5m 用煤渣铺底，这样可以加速地坑窑院的污水、雨水渗漏，获得较好的渗水效果。为保证渗水的效率，每过 2～3 年窑院居民会将煤渣挖出来后再重填。有少数渗井的四壁上也设置有凹陷的浅坑，以供建造者在挖掘时上下攀爬，脚蹬穴间隔在 30cm 左右，左右相间排布。

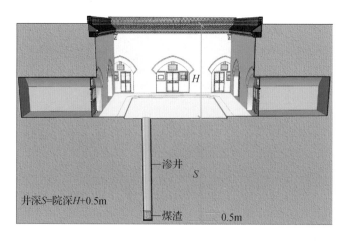

图 3.91　窑院深度与渗井深度关系图

渗井井沿部分有两种处理方式（图 3.92）：一种是让砖和井盖与地面齐平，雨水从井盖上部孔洞流入；另一种是在两皮砖的井沿高于地面的情况下，积水通过排水管导入井内（图 3.93）。由于豫西黄土塬的土质松散，渗井渗水的速度非常快。一场大雨过后，渗井中的水在一两天内便可以渗透下去。这种快速的渗水避免了土的湿陷性累积，保证了四周土体压力的稳定。

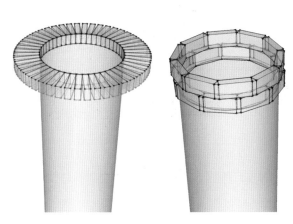

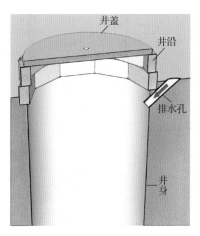

图 3.92　井沿的处理方式　　　　　　　图 3.93　渗井构造示意图

在渗井的上方加设阴井盖，可以防止碎杂物品掉落；在阴井盖上或阴井盖的周边设置入水口，可以方便雨水流入井内。地坑窑院内典型的井盖有的是石磨改装的，有 3 个孔洞，部分还带有雕花（图 3.94）；有的是旧时的马车拆下的车轮（图 3.95）。

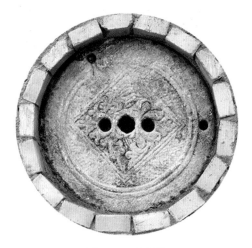

图 3.94　渗井盖　　　　　　　　　　　图 3.95　车轮渗井盖

渗井的布置在 4 种方位的窑院中各不相同（图 3.96）。院落四周的坷台将雨水向院落中央空地快速汇聚，并防止雨水过度侵蚀窑墙。

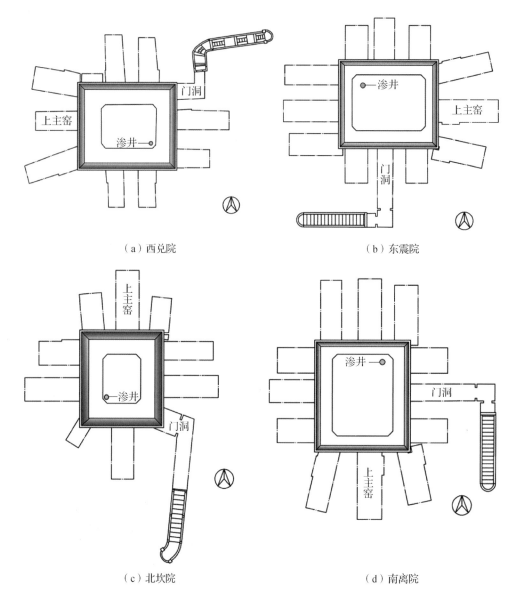

（a）西兑院

（b）东震院

（c）北坎院

（d）南离院

图 3.96　各类窑院渗井设置位置示意图

3．门洞排水沟

　　门洞排水沟是入口门洞防水、排水的重要构造，由明暗洞交接口开始，沿暗洞边缘一直延伸至院心（图 3.97）。

　　门洞排水沟由两个部分组成：雨水汇集处、暗洞排水沟。雨水汇集处在明暗洞交接部位，贴着明洞最后一节台阶用青砖平铺一道一砖宽的雨水汇聚坡，雨水汇聚坡的坡度大于 1% 并向排水沟入口处倾斜，坡脚与排水沟口平齐或高于排水沟口。沿平行水流方向紧贴着雨水汇聚坡立砌一排砖，防止雨水流入暗洞内。排水沟沿暗洞边缘设置，宽度为 15 ～ 20cm，深度为 10cm，呈凹形，两侧立砌砖，底部用青砖铺砌或青瓦搭接，条件差些的直接用土做沟后压实（图 3.98）。雨水通过暗洞排水沟入院时将直接流至坯台上再流入渗井，或通过埋设暗沟直接流入渗井。

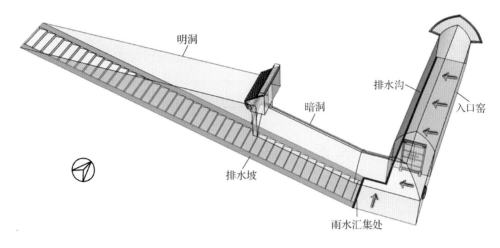

图 3.97　排水沟及排水坡的设置

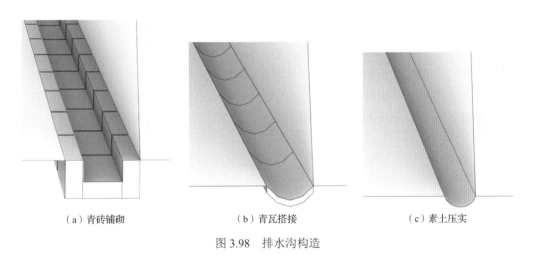

（a）青砖铺砌　　　　　　　　（b）青瓦搭接　　　　　　　　（c）素土压实

图 3.98　排水沟构造

门洞排水沟根据水流入院方式可分为暗排水沟、明排水沟两类。

暗排水沟的水流由门洞排水沟引导后经由暗洞排至院心或渗井（图 3.99），有的排水沟在进入院门后直接埋设成暗排水沟直至院心；而明排水沟的水流从暗洞与窑院交接的地方直接流至坯台，再排入院心（图 3.100）。

图 3.99　暗排水沟入院

图 3.100　明排水沟入院

3.7　盘炕和打灶

炕和灶是地坑窑院民居的基本生活设施，待窑院及窑室建造初步完成后，就要考虑盘炕和打灶了[33]。

3.7.1　盘炕

1. 炕的作用

（1）就寝取暖

炕的主要功能是就寝取暖。在寒冷的冬季，它是窑室内唯一的热源；在湿冷的阴雨天气，它是天然的除湿器。烧炕几乎不需要成本，把树叶、柴禾渣，甚至干透的猪、马、牛的粪便等可燃物添入炕洞里沤着，就可以保持长期供热。温暖的窑炕不仅提高了室温，驱逐了寒冷，还可以促进人体血液循环，去除体内寒气，预防风湿病。

窑居区的人们常将烧饭用的灶与窑炕连通。在烧饭过程中燃料所释放出的多余的能量可以被窑炕充分利用，再次服务于窑居区人民。这不但解决了取暖问题，还节省了能源。

（2）家庭聚集场所

温暖的炕是家庭聚会、情感交流的场所。夜晚降临，居民休息在炕上；一日三餐，居民摆上餐桌吃在炕上；节假日和农闲时，家人聚集在炕上，谈话、聊天、拉家常；客人来访上炕请坐；家庭的重大决策、生老病死的重大安排通常也是围坐在炕上做出的；妇女们在炕上做针线活；孩子们在炕上嬉戏。窑居区居民的生活千百年来已经和窑炕紧紧地联系在一起，如果窑居中没有炕，很难想象当地居民的生活。窑炕在居民生活中已经成为不可或缺的文化载体。

盘炕的日期和尺寸都要求含"七"，如炕为长为 7 尺（约 2.3m）或 6 尺 7 寸（约 2.23m）、宽为 4 尺 7 寸（约 1.56m）。因为"七"与"妻"谐音，寓意"与妻同床，白头偕老"，蕴含着丰富的文化内涵。

2. 炕的布局

窑炕一般设置在窑室内部靠窗且紧贴窑隔的位置（图 3.101）。

这种布局有两个好处：一是采光充分。靠窗布置窑炕的布局不仅可以使妇女在炕上做针线活、儿童在炕上玩耍、成人在炕上聚会用餐时有良好的光线，而且可以使阳光直接照射到被褥上，减少被褥晾晒的次数。二是有利于炕体内部烟尘的排出，紧贴窑隔的布局使排烟通道的设计变得更为简单，其通常的做法是将烟道隐藏在窑隔中或窑隔边缘，烟道沿着窑隔边框向上延伸至地面，这种建造布局出烟快，窑洞内不会存烟。

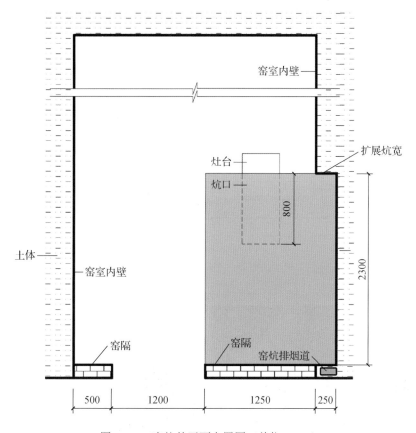

图 3.101　窑炕的平面布置图（单位：mm）

考虑到人们对内部空间使用的需要，一般情况下，窑匠会在窑炕内侧向窑体方向扩展一部分窑宽，增加窑炕的面积，看上去像是窑炕嵌在窑壁上一样。窑炕外侧一般在窑室宽度中线附近。

烟道设置在窑隔旁边，上通到拦马墙正中的位置，下通到窑腿内部（图 3.102）。挖烟囱时，应用洛阳铲在预定位置从下向上垂直掏挖一个圆孔，通至院坑底部，其垂直度用吊锤控制。在开挖过程中，烟囱有时候会歪斜，这时候应从顶部沿烟囱向下挖一个 0.5 ～ 1m 深的槽，然后用砖或者胡墼在烟囱原来的位置重新竖直砌筑烟囱。烟囱的形式有许多种，因塬区的差别而异（图3.103）。

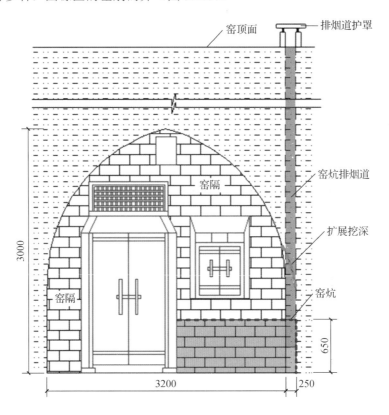

图 3.102　隐匿于窑隔边崖体中的排烟道（单位：mm）

图 3.103　烟囱的形式

3．盘炕的材料、类型、工序

（1）盘炕的材料

盘炕所用的材料是居民自制的胡墼（图3.104和图3.105），是当地居民用民间模子

——坯斗托制而成的。胡墼的原材料主要是当地黄土,经过侵水、拌和、翻晒、揉合、进模、成型、脱模、晾晒等工序制作而成。为了增加胡墼的强度,有时还在拌和时增加麦秸。胡墼未经过烧结,孔隙率较大,热空气能够在胡墼的孔隙中保留较长时间,因此胡墼较其他材料更有利于保温,用胡墼盘炕可以长时间保持炕的温度,也保持了窑室的温度。

图 3.104　盘炕用的胡墼　　　　　　　图 3.105　胡墼的晾晒

（2）炕的类型

根据添柴口位置的不同,炕可以分为顺炕和怀炕两种,顺炕也可以用于做饭（图 3.106）,怀炕只用于冬天采暖（图 3.107）。

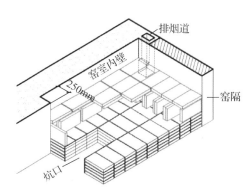

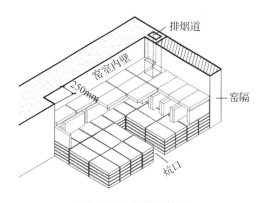

图 3.106　顺炕的构造　　　　　　　　图 3.107　怀炕的构造

根据外部构造炕又可分为两种：一种是带依墙的炕,依墙位于床头部分,比炕高出 250～300mm（图 3.108）。炕和灶多连在一起,家中有小孩在炕上玩耍时易发生危险,为了避免这些不安全因素,特设依墙,对空间进行分隔。另一种是带围挡的炕,围挡做法延续依墙在床外边沿左右各砌长约 400mm,高和宽同依墙,另设一块可拆卸的、刚好挡住中间部分的木挡板。这种做法主要是为了防止夜间小孩及被褥掉落（图 3.109）。

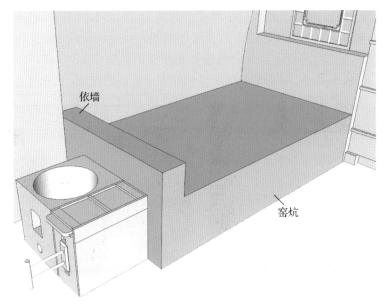

图 3.108　带依墙的炕

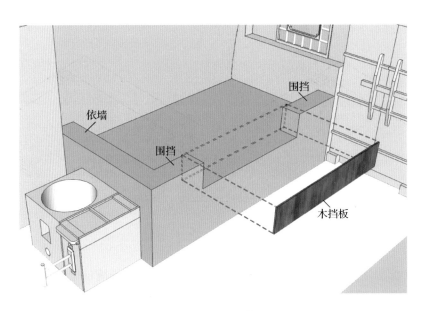

图 3.109　带围挡的炕

（3）炕的建造工序

首先，做垫层。通常用胡墼做垫层，将胡墼并排平砌 4～5 层，用草泥浆黏结，在中间位置留出炕口。

其次，做炕口。炕口处，胡墼需做成拱形，这样做既可以增大炕口立面空间，便于添柴加料，又可以使炕口更美观。其做法是有窑匠先凭经验在胡墼上画出拱形曲线，再用锯条或锥子沿曲线将局部土体去掉，用小刀对其曲线进行修整。

再次，设置烟道。窑炕的烟道设置通过胡墼的摆放来形成，烟道壁采用两个并排侧立的胡墼，每隔一段距离放置一组（图 3.110 和图 3.111）。这样有利于烟尘快速到达排烟通道，迅速向四周扩散，同时有利于上部胡墼的搭界。

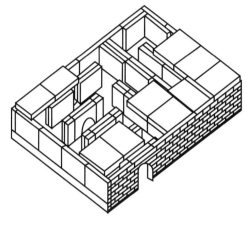

图 3.110　烟道设置示意图

图 3.111　设置烟道

最后，做炕面。将白灰和土以 2 ∶ 8 的比例拌和，并加入定量的水和成泥。将和好的泥或草泥浆平铺在胡墼面，厚度一般为 70 ～ 80mm，并将其抹平。为了使炕面温度均匀，炕头部分可采用双层炕面或将表面抹厚一些，炕梢部分抹薄一些。

图 3.112 展示了怀炕的建造工序。

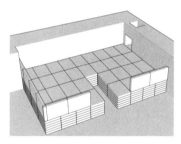

（a）做垫层和炕口

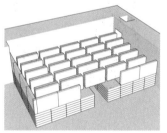

（b）设置烟道

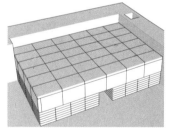

（c）做炕面

图 3.112　怀炕的建造工序

3.7.2　打灶

1. 灶的作用

地坑窑院民居中每座窑院至少有一座用于烧火做饭的灶。灶作为一种燃具，最基本的作用就是做饭。在冬季，天气严寒，窑居区居民可以围在灶的周围烤火取暖。灶与炕可以有机地结合在一起，组成"灶连炕"。为了取暖，居民可充分利用煮饭时薪柴所产生的热量和柴烟加热火炕，既节省了为炕加热的工序，也节约了燃料。

2．灶的类型

按建造材料的不同，灶可分为生土灶和砖灶；按通风助燃方式，灶可分为带风箱灶和不带风箱灶；对于带风箱的灶，按烟囱和灶门相对位置的不同，可分为前拉风灶（烟囱口和灶门在同侧）和后拉风灶（烟囱口和灶门在对侧）；按锅的数目，灶分为单锅灶、双锅灶、多锅灶；按与炕的结合方式，灶可分为炕连单灶、炕连双灶；按照功能的综合性，灶还可以分为穿山灶、旧灶和吸风灶。

3．灶的构造和打灶工序

（1）灶的构造

灶的基本构造可分为外部和和内部构造（图3.113）。外部构造包括灶体（灶台）、灶门、烟囱，内部构造包括灶膛、进风道、排烟口、炉箅、拦火圈、灰室等。

灶门的作用是添加燃料和观察燃烧情况，其位置应低于排烟口3～4cm，若高于排烟口，就会出现燎烟现象。

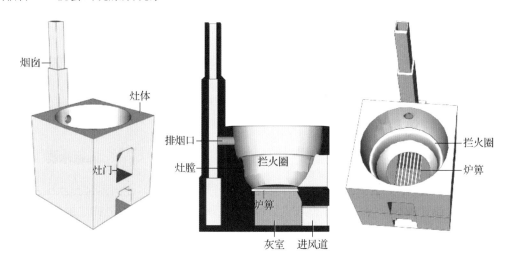

图3.113　灶的构造

炉箅位于炉灶的下部，它是为燃料燃烧供氧的通风口，通风道内的空气穿过炉箅进入燃烧室内，使灶内的燃料得到充分燃烧。

灶膛，也称为燃烧室，是指围着炉箅上方到拦火圈之间的空间。灶膛可以设计成各种形状，但总的原则是形成最佳的燃烧空间，从而提高灶膛温度、灶内火焰和高温烟气的传热能力。

拦火圈可使高温烟气和火焰在灶膛流动，使火焰和高温烟气直接扑向锅底，增大锅底的受热面积，延长火焰和高温烟气在灶内的停留时间，使燃料中的炭和烟气中的可燃气体得以充分燃烧，提高灶内温度。

进风道是炉箅以下的空间，作用是向灶膛内通风、供氧、助燃，并能储存灰渣。进风道高度一般与锅的直径相近，宽度为锅直径的1/2左右。进风道形状多为长方形或上窄下宽的梯形，有的为了保温砌筑成上部封闭下部可开关的。有时会将进风道的下部作为清灰坑（灰室）。

（2）打灶工序

打灶是一件既简单又复杂的工作。说其简单，是因为灶最初全部是用泥土手工糊制的，后来较大型灶改为部分胡墼砌筑，表面抹泥，部分泥糊。由于采用了当地的黄土材料，打灶不产生任何成本，也不需要专门的窑匠。说其复杂，是因为打灶的确是一项技术活，灶火是否好用取决于打灶人技艺的高低和经验的多少。久而久之，打灶技艺也逐步成为窑匠技艺中的组成部分。

一般来说，灶的建造工序包括：确定灶的方位和尺寸→定位放线→砌筑进风道和灶脚→安装炉算→建造炉膛→设置保温层→安装炉门挡板→确定锅位→砌筑烟道→砌筑灶体。

第4章
朴实完美的细部构造

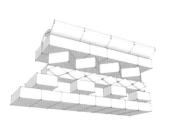

地坑窑院民居依托黄土塬就地凿土挖院掘洞，取得窑院空间和室内空间。除了第2章、第3章谈到的空间布局和营造特点之外，其朴实完美的细部构造也最大限度地展现了地坑窑院民居与黄土塬自然巧妙的相互融合（图4.1）。

图4.1 与黄土塬自然融合的地坑窑院

4.1 崖面的构造

4.1.1 崖面的构成

崖面是地坑窑院民居的4个外立面[34]，一个窑院无论拥有多少孔窑洞都只有相互围合的 4 个崖面，每个崖面是窑洞所在面的唯一外立面（前立面）。崖面的主要构成元素有：窑脸、护崖檐（檐口）、拦马墙、戴帽、窑口、窑隔、窑腿、门、窗、气窗、勒脚（穿靴）等（图 4.2）。

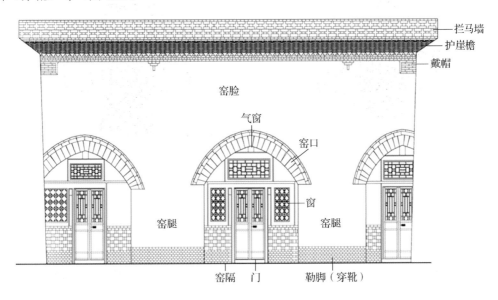

图 4.2　崖面的构成

窑脸：窑拱周边区域的总称。

护崖檐：类似于普通民居的檐口。沿崖面四周用青砖、瓦等材料修筑的挑出构件，用于保护崖面不受雨水侵袭。护崖檐的设置很有技巧，设置过于厚重，会产生不均匀的倾覆力矩，造成崖面的坍塌破坏；设置过于单薄，不能有效地抵挡雨水的侵袭，同样会导致窑脸的坍塌破坏。

拦马墙：沿崖面四周在地面以上砌筑的小矮墙，类似于现代建筑屋顶四周的女儿墙。拦马墙既可以防止人和牲畜跌入院坑，又可以挡风，挡灰尘，防止杂物被吹进院落。

窑口：沿窑洞拱券周边所做的装饰部分，俗称"窑畔"。窑口砌好后形似花瓣，因此在当地也称"窑瓣"。

窑隔：窑洞洞口的隔墙系列，是庭院空间和室内私密空间的分界，相当于窑洞的前墙，包括门、侧窗、窗下墙、高窗、气窗等（图 4.3）。窑隔通常与室内的炕连接在一起，炕的烟囱也隐藏在窑隔中。为了便于烟囱的设置，窑隔与崖面不在同一平面，位于窑洞内部距崖面 60 ～ 80cm 与崖面平行的位置（图 4.4）。

窑腿：相邻两孔窑洞之间的墙体部分，是保证窑洞安全的关键。

勒脚：俗称穿靴，是窑腿底部的修饰部分。勒脚一般用嵌砖的方式在窑腿根部进行装饰，环绕院落一周，看上去像是整个院落的踢脚线，美观大方，同时还有效地防止了雨水对窑墙的侵蚀。

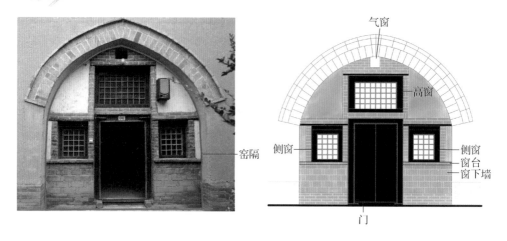

图 4.3　窑隔的构成

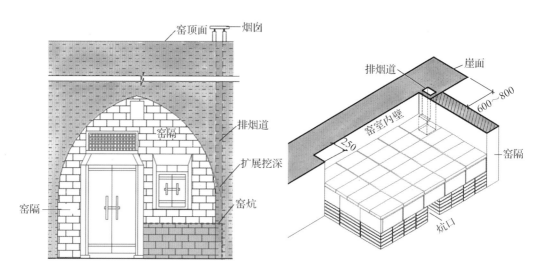

图 4.4　窑隔与炕及烟道关系示意图（单位：mm）

4.1.2　崖面的抹度及其控制

1. 崖面的抹度

为保证崖面土体的稳定，窑院的崖面并不是垂直向下的，而是向院心方向从下往上沿高度方向线性凸出的，这样在整个崖面就形成了一个坡度。这个坡度即为崖面的抹度。

崖面修整的第一项工作就是崖面抹度的修整。崖面无论做不做保护层，也不管做什么样的保护层，都需要首先进行崖面抹度的修整。若崖面抹度过小，则崖面上土体在重力作用下容易脱落；若崖面抹度过大，则雨水会直接冲刷崖面，发生崖面剥蚀灾害。

因此，人们必须合理控制崖面抹度。其控制的原则是保证窑腿根部不超出护崖檐边沿的垂点，以保证整个崖面都在护崖檐的庇护之下（图 4.5）。为了保证土体有更好的稳定性，窑匠通常采用分段控制崖面抹度的方法。

2. 崖面抹度的控制

　　崖面的抹度根据崖面的高度及挑檐的挑出宽度来确定 [1]。一般情况下，抹度与院深存在着一定的数量关系，自上而下（自塬上地面到院坑地面），前 3m 深度时，每米抹度为 1 寸（约 3.33cm），窑院深度超过 3m 时，不管有多深，每米抹度为 1 寸半（约 5.00cm）。

　　控制抹度是在修崖面的过程中通过度量尺寸来进行的（图 4.6）。首先贴地面（塬面上）平放一根直杆，直杆上挂有一根带有吊锤的长线，然后将直杆伸进窑院，并慢慢移动直杆，使吊锤与崖面接触并保证垂线不弯曲，此时可以测量直杆伸出崖面的距离和吊锤距直杆的距离，两个距离测出来以后，抹度就可以计算出来了。根据计算出来的尺寸修整崖面，就可以达到所需的抹度。

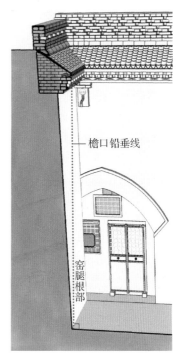

图 4.5　护崖檐口与窑腿根部
位置关系示意图

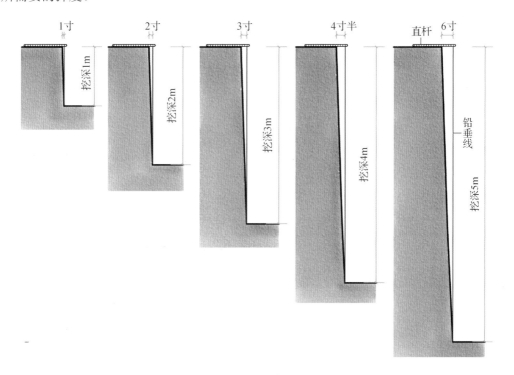

图 4.6　崖面抹度的确定

4.1.3 崖面的修整

1. 修整的作用

维护作用：崖面长期暴露在外界，受到风吹日晒、降雨、温度变化等作用，极易发生破坏，通过崖面修整可以构筑保护层，保护崖面土体，提高其耐久性。

稳定作用：在开挖窑院时，崖面部位土体产生了临空面；土体的受力方式发生改变，在横向失去约束作用，因而产生向院心方向运动的趋势，通过修整崖面可以保持一定角度的倾斜，以使崖面在重力的作用下抵消土体向院心方向运动的趋势，保持稳定性。

装饰作用：作为窑居结构的唯一外立面，崖面在装饰窑居上起到重要作用。原始黄土崖面保留了耙痕或撅印，凸显一种原始而粗犷的韵味；砖砌筑崖面，整齐归一；石砌筑崖面，用石块装点崖面，色彩斑斓；草泥抹面在保留生土风格的同时使崖面更为整洁。不同的崖面有不同的装饰作用，彰显了窑居的特色及窑居主人的个性特征。

2. 不同构造的崖面

（1）原始黄土崖面

原始黄土崖面在进行崖面修整时，保留了原始的、有韵律的刨削痕迹，不采用任何装饰材料，宛若天成，将自然之美体现得淋漓尽致。这密密麻麻的、整整齐齐的刨削痕迹体现了窑居建造的手工之美，烙上了劳动的印迹（图4.7）。

（2）草泥抹面崖面

原始黄土崖面的土体未得到任何保护，暴露于室外，要经受风吹日晒、降雨侵蚀、温度变化等作用，天长日久，崖面极易被侵蚀而发生开裂、粉化、剥落等破坏。因此，在崖面外部构筑保护层可以有效保护窑洞外立面，延长其使用寿命。草泥抹面是最简单、最经济、最常用的形式。草泥抹面除了具有保护崖面免遭风吹、日晒、雨淋的作用外，还起到了装饰崖面使其外观干净整洁的作用（图4.8）。

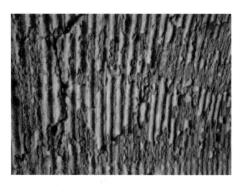

图4.7　原始黄土类崖面　　　　　　　　　图4.8　草泥抹面崖面

（3）砖砌筑崖面

砖砌筑崖面是把崖壁砌筑成清水墙，即表面不做粉刷和抹灰处理，只勾砖缝（图4.9）。这种崖壁以砖的本色和砖缝为装饰，朴素简洁。砖块规整，砌筑工艺成熟，因此砖砌筑的崖面工艺细腻、变化丰富，具有与其他砌筑崖面同样的装饰表现。砖砌筑崖面的装饰方式除了砖的本色之外，还依靠砖缝装饰。砖的组砌方式决定了砖缝的样式，主要有一顺一丁、十字缝、三顺一丁等。最后崖面砖缝形成一个连续的、有规律的网状阵列，外观简洁朴素。

图 4.9　砖砌筑崖面

（4）胡墼砌筑崖面

在崖面土体外部砌筑胡墼，就形成了胡墼砌筑崖面（图 4.10）。胡墼砌筑崖面较原始黄土崖面稳定，但不及砖砌筑崖面坚固；在风雨侵蚀下容易发生剥蚀，但崖面内部土体还是得到了保护。胡墼砌筑崖面延续了生土风格，建筑材料可循环利用，生态环保。

图 4.10　胡墼砌筑崖面

4.2   窑口和门窗

4.2.1   窑口

窑口是指沿窑洞拱券周边所围成的一圈带状的装饰层，因围绕拱券，也称为券边。窑口的主要作用是丰富窑洞立面的装饰效果。

1. 窑口的种类

根据构造材料的不同，窑口主要有在崖面上直接刻凿的窑口（图 4.11）、纯土的窑口（图 4.12）、胡墼与砖混合砌筑的窑口（图 4.13）和青砖砌筑的窑口（图 4.14）。

图 4.11   在崖面上直接刻凿的窑口   图 4.12   纯土的窑口

图 4.13   胡墼与砖混合砌筑的窑口   图 4.14   青砖砌筑的窑口

2．窑口的砌筑

（1）胡墼与青砖混合砌筑的窑口

胡墼与青砖混合砌筑的窑口的施工工艺流程如图 4.15 所示。

图 4.15　混合砌筑窑口的工艺流程

在砌筑窑口之前要先打胡墼，胡墼采用木模、杵等工具现场制作。砌筑窑口的胡墼分为普通胡墼与角楔胡墼。角楔胡墼又分为两种：一种长 400mm，大头宽 266mm，小头宽 215mm，厚 60～80mm，小头与大头比例接近 0.8，故称八分胡墼；另一种长 400mm，大头宽 266mm，小头宽 233mm，厚 60～80mm，小头与大头比例接近 0.9，故称九分胡墼。当窑跨较小时用八分胡墼，当窑跨较大时用九分胡墼（图 4.16 和图 4.17）。

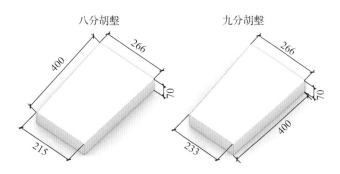

图 4.16　八分胡墼与九分胡墼（单位：mm）

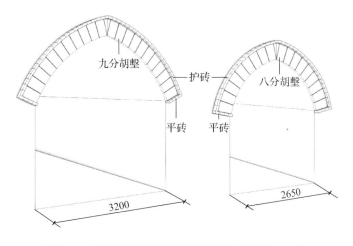

图 4.17　窑的跨度与胡墼类型的关系（单位：mm）

　　刻凿窑口边带：用十字镐和锨将窑口边带的形状刻凿出来，边带的宽度一般为460mm，深度为 70 ～ 90mm。

　　整平：包括粗找平和细整平。先将窑口边带表面进行粗略的整平，俗称"粗找平"，之后进行细致整平。在没有水平尺的情况下，工匠会用较直的木条进行细整平。

　　嵌平砖：先将四块青砖竖嵌入土体180mm，外露的部分约为60mm。

　　上泥打底：将搅拌后的泥上至平整后的土体面。

　　赶胡墼：从平砖以上自下而上向窑拱拱尖方向赶砌胡墼，两个方向同时进行，到相接处按实际要求切割胡墼，以保证顶部有良好的衔接。每砌一块胡墼都会在与其他部分的交接面用抹泥填缝，以增加黏结力与整体性。一般来说，每边有 10 ～ 11 块胡墼，当然人们也会根据窑跨的大小适当增加或减少。

　　嵌护砖：为了防止雨水灌入土体与胡墼间的缝隙造成胡墼脱落，会在其上部再竖嵌入一层青砖，嵌入土体 180mm，外露的部分约为 60mm，并与原先嵌入的平砖相接，交接方式为平砖上托护砖。

　　泥窑口与刷窑口：为了防止雨水冲刷窑口处的胡墼面，造成缝隙内积水，导致胡墼脱落，会将泥与麦秸搅拌后再泥两遍，之后用滚子蘸稀土再在表面滚一遍，以保证其平整度。

　　（2）青砖砌筑窑口

　　采用青砖砌筑的窑口主要由平砖、表砖和护砖共同组成。其施工工艺流程如图 4.18 所示。

图 4.18　青砖砌筑窑口的施工工艺流程

　　刻凿窑口边带：用十字镐和锨将窑口边带的形状刻凿出来，边带的宽度一般为430mm，深度为70mm。

　　整平：将窑口边带土体表面先进行粗找平，之后用尺杆进行细整平。

　　嵌平砖：先将两块平砖横嵌入土体60mm，外露的部分约为60mm。其中一块整砖在与护砖交接处切斜角，以便良好衔接。另外一块砍至180mm。

　　碎土、细沙搅拌打底：将碎土、细沙搅拌后上至平整后的土体表面。

　　赶表砖：表砖包括竖砌的内表砖和平砌的外表砖。从平砖以上自下而上向窑拱拱尖方向赶砌表砖，两个方向同时进行，到相接处按实际要求切砖，以保证顶部有良好的衔接。每上一块砖都会在与其他部分的交接面用泥土填缝，以增加黏结力与整体性。一般来说，内拱圈每边会用到 17 ～ 18 块砖，外拱圈会用到约 10 块砖，用砖数会根据窑跨的大小适当增加或减少。

　　嵌护砖：为了防止雨水灌入表砖与崖面间的土体内，也会在其上部横向嵌入一层护砖，嵌入土体 60mm，外露的部分约为 60mm，并在与原先嵌入的平砖相接处切斜角（图 4.19）。

对接口密封及节点加强处理：将细沙与土搅拌后，在所有砖缝间，以及平砖、护砖与崖面的衔接处再补填一遍缝。

窑口表面清理：在节点处，检查是否会渗入雨水，并对整个窑口表面进行清理，达到平整美观。

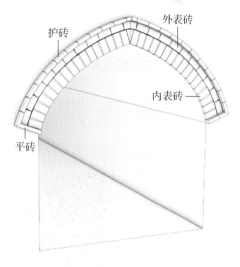

图 4.19　青砖砌筑窑口的构成

由平砖、表砖和护砖共同组成青砖砌筑的窑口在窑居区应用得极为广泛。对于完整的窑脸来说，一般尖券以中轴线对称，左右各砌 18 块表砖起券，从窑脸平砖以上自下而上向尖券的顶部"赶砖"，可随窑脸的宽度大小增加或减少砖的数量。其中，未嵌入式角窑的窑口也分为小半口窑口（图 4.20）和大半口窑窑口（图 4.21），嵌入式角窑与侧窑崖面的交接处采用抛物线形或折线形窑口（图 4.22）。

图 4.20　小半口窑口

图 4.21　大半口窑口

图 4.22　嵌入式角窑折线形窑口

4.2.2　扑门仰窗

1．门

（1）门的构造

地坑窑院内各窑门通常分为两层，外层为风门，内层为老门（图 4.23）。风门的作用是在通风采光的同时保证遮避风沙和蚊虫（图 4.24）。内层的老门通常用实木制作，主要起到安全防护的作用（图 4.25）。

安装时，门的四个角部都向水平方向伸出约 10cm，砌入窑隔内部或插到窑腿内，用以加强门与窑隔或窑腿部的整体性。

（2）扑门

工匠在砌窑隔时，要按照扑门仰窗的做法来放置门框和窗框。扑仰的尺寸与竖直尺寸偏向 ≤ 1cm，因此基本上看不出来。

扑门指的是在安装门框的时候，使门框上部向外稍微倾斜一点（图 4.26）。门一般是向内开的，门框上部向外倾斜，在重力作用下，门在关上时不会自动打开，关闭较紧。但是，如果有外门（即风门），门框就不能倾斜，因为风门是向外开的，门框倾斜会使风门自动打开，所以凡是有风门的门框不倾斜。

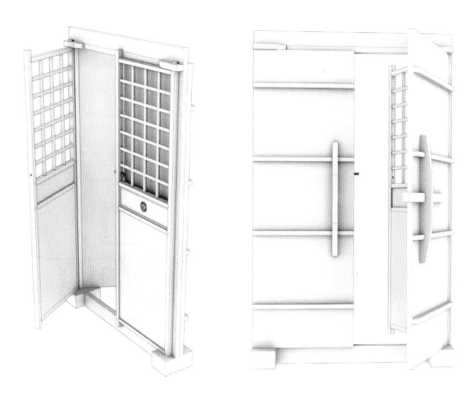

图 4.23　风门和老门组合

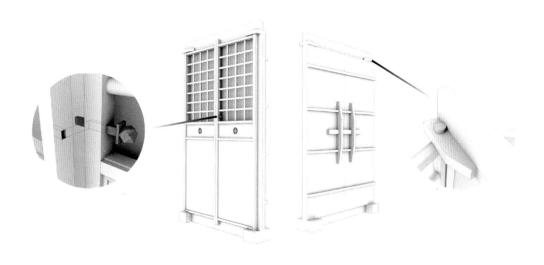

图 4.24　风门的构造　　　　　　图 4.25　老门的构造

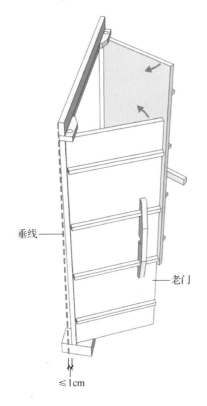

图 4.26　扑门的构造做法

2．窗

（1）窗的分类

窗主要分为气窗（也称梢眼）、高窗（俗称脑窗）、侧窗（图4.27）。

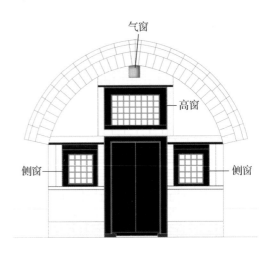

图 4.27　地坑窑院窗的分类

高窗上部通常留有方形孔，即气窗，俗称梢眼。气窗与门的孔洞及窑洞后部通风孔洞一同起到排气除湿的作用（图4.28）。

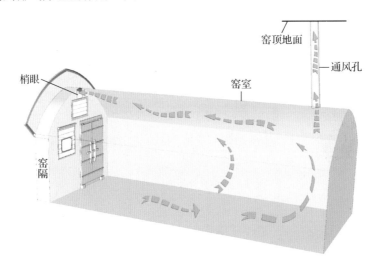

图 4.28　梢眼和后部窑室的通风关系示意图

高窗主要为固定窗。在门洞之上加高窗可以起到增加采光的作用。高窗常用的形式有 4 种，分别是八方套高窗（图 4.29）、四方城高窗（图 4.30）、一马三间高窗（图 4.31）和方格窗高窗（图 4.32），依次代表了从高到低的等级规格。采用不同形式的窗，反映了窑主人身份地位的高低及同一窑院内各窑的主次关系。

图 4.29　八方套高窗

图 4.30　四方城高窗

图 4.31　一马三间高窗

图 4.32　方格窗高窗

　　侧窗在门洞两侧或单侧。主要用于居住的窑洞的侧窗分内外两层窗。外窗大部分为固定方格窗（图 4.33），也有个别人家会采用支摘窗（图 4.34）与可活动窗（图 4.35），起到通风采光的作用。内窗类似于老门的构造（图 4.36），起到保护隐私的作用。

（a）十字套方格

（b）方格窗 1

（c）方格窗 2

（d）方格窗 3

（e）方格窗 4

图 4.33　常见的侧窗形式

图 4.34　庙上村 9 号院上角窑支摘窗　　　　图 4.35　庙上村 9 号院上主窑可活动窗

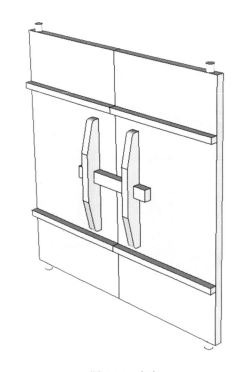

图 4.36　内窗

　　高窗和侧窗四个角部也都向水平方向伸出约 10cm，砌入窑隔内部或插到窑腿内，用以加强窗户与窑隔或窑腿部的整体性。

　　（3）仰窗

　　仰窗，就是在安装门上部的高窗窗框时，要让高窗上部稍微向窑内倾斜一点，与竖直方向的偏向 ≤ 1cm（图 4.37）。这样做的原因有 3 个：第一，由于窑隔所有窗为固定窗，上部向内倾斜可以将风更好地顺势导入高窗正上方的梢眼；第二，通常太阳入射光线与窗面垂直时采光率最高，这种适当调整窗的角度有利于提高窗的采光率；第三，当雨水洒向高窗时，这种倾斜使雨水在重力的作用下得到很好的疏导，防止流入梢眼，进而进入屋内。

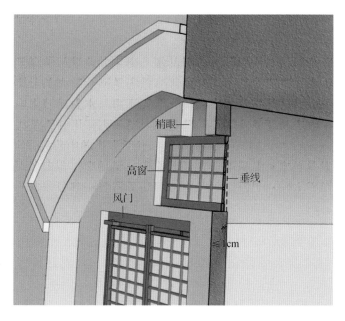

图 4.37　仰窗的构造示意图

4.3　护崖檐的细部构造

护崖檐在地坑窑院民居中占有重要的地位，第 3 章以小青瓦护崖檐为例详细阐述了护崖檐的砌筑过程和方法。护崖檐一方面可以用于保护崖面不受雨水侵袭，另一方面可以用作地坑窑院民居重要的装饰部件。在民间营造中，护崖檐丰富多彩的装饰作用是通过细部构造来体现的[35]。

4.3.1　不同出挑方式的构造

檐口的出挑方式有 3 种：顺坡撒瓦出挑（图 4.38）、半砖出挑（图 4.39）和仰合瓦出挑（图 4.40）。

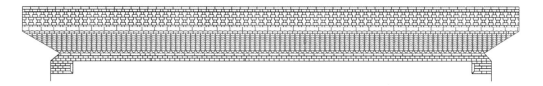

图 4.38　顺坡撒瓦出挑（庙上村 4 号院）

图 4.39　半砖出挑（庙上村 55 号院）

图 4.40　仰合瓦出挑（庙上村 61 号院）

　　撒瓦所用的瓦有仰瓦、合瓦和筒瓦（图 4.41），顺坡撒瓦根据所使用的瓦的不同又分为三类，分别是青瓦护崖檐（图 4.42 和图 4.43）、筒板瓦护崖檐（图 4.44）和平瓦护崖檐（图 4.45）。青瓦护崖檐又分为仰瓦护崖檐（图 4.42）和仰合瓦护崖檐（图 4.43）。

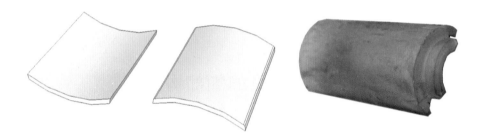

图 4.41　仰瓦、合瓦和筒瓦

图 4.42　仰瓦护崖檐

图 4.43　仰合瓦护崖檐

图 4.44　筒板瓦护崖檐　　　　　　　　　图 4.45　平瓦护崖檐

4.3.2　檐口和下卧层的构造

1. 檐口的构造

常见的檐口构造有三种，分别为仰瓦护崖檐滴水（图 4.46）、瓦当加板瓦滴水（图 4.47）和仰合瓦护崖檐滴水（图 4.48）。其中，瓦当加板瓦滴水为较常见的传统处理手法。

图 4.46　仰瓦护崖檐滴水

图 4.47　瓦当加板瓦滴水

图 4.48　仰合瓦护崖檐滴水

2. 下卧层的构造

复杂的护崖檐为了突出其装饰效果，常将紧贴土体崖面的扒砖多做几层，称为下卧层。下卧层出挑或不出挑，结合上层出挑的层砖，可做出许多图案，寓意美好的生活，大大提升了生土地坑窑院的装饰效果。其中，"三砖一翻瓦"（图 4.49 和图 4.50）和"五砖一翻瓦"（图 4.51 和图 4.52）为上主窑立面檐下较常见的的下卧层处理方法。

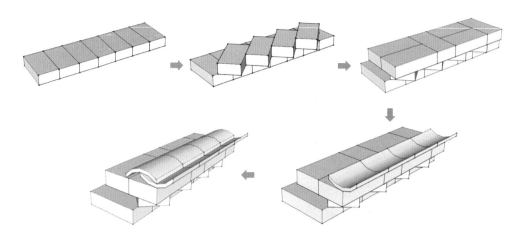

图 4.49　"三砖一翻瓦"下卧层的砌筑

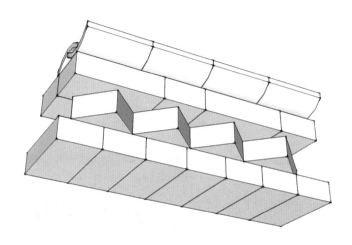

图 4.50　"三砖一翻瓦"下卧层的仰视效果

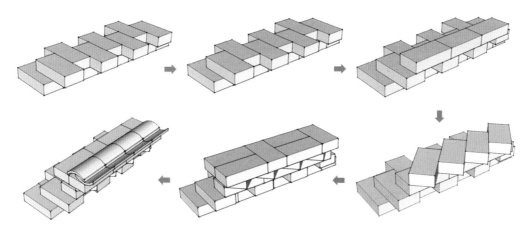

图 4.51　"五砖一翻瓦"下卧层的砌筑

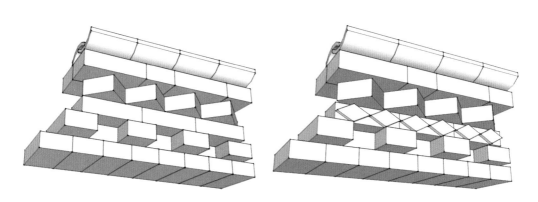

图 4.52　两种"五砖一翻瓦"下卧层的仰视效果

（1）狗牙砖

普通砖斜放，露出部分为一个等腰三角形，连排后形似狗牙，故称"狗牙砖"。"狗牙砖"是豫西地坑窑院民居中常见的构造方式（图 4.53）。

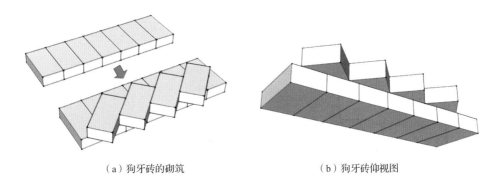

（a）狗牙砖的砌筑　　　　　　　　　　　（b）狗牙砖仰视图

图 4.53　狗牙砖

（2）假椽头

假椽头需要将砖先进行切割成形后才能砌筑，施工工艺较复杂，因此造价也较高，这种砖大多用在门楼处。假椽头有两种形式：一种将砖的一端切掉一个边长为 60mm 的立方体；另一种采用斜切的方式。两种都形似木结构中的椽子，因此也被称为椽砖（图 4.54）。当主窑面护崖檐的下卧层需要大量使用时，普遍采用不切砖的砌法来做假椽头（图 4.55 和图 4.56），由于省工省时，这种做法在下卧层的处理上是非常普遍的。

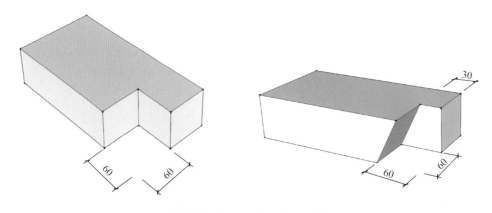

图 4.54　假椽头（单位：mm）

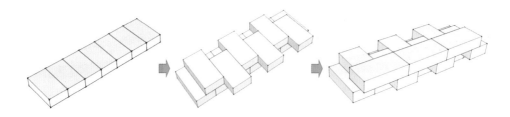

图 4.55　不切砖的假椽头砌法

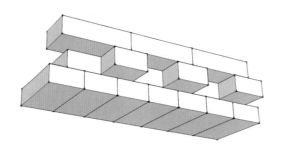

图 4.56　假椽头的仰视效果

（3）水浪石

水浪石需要将砖先进行切割成形后才能砌筑，在砖的一个侧面（240cm×53cm）上刻成水波纹的形状（图 4.57）。阴刻部分深 1cm，施工工艺复杂，造价较高，一般应用于门楼的下卧层。

（4）棱形柱

棱形柱的基础是菱形排列，每块砖的侧面上雕刻出两个菱形（图 4.58），阴刻部分深 1cm，在地坑窑院民居门楼中较为常用，部分窑院也会用在主窑崖面的下卧层中。

图 4.57　水浪石

图 4.58　棱形柱

（5）凹面砖

凹面砖是将砖切去 1/4 的圆柱体（图 4.59），类似于倒扣的小青瓦的形状，也称瓦形砖。

（6）富贵不断头

富贵不断头需要将砖先进行雕刻成形后才能砌筑，施工工艺较复杂，造价较高，使用较少。阴刻部分深 1cm，多砖相连接，看似没有首尾，寓意"富贵不断头"（图 4.60），体现了人们对于幸福生活的渴望与无尽的追求。

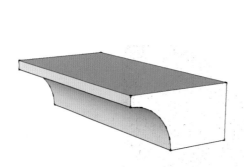

图 4.59　凹面砖

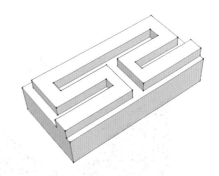

图 4.60　富贵不断头

（7）斜坡砖

斜坡砖是将砖的下半部分斜切成坡面，通过这种方式可以增强檐下砖面的光影效果和层次感（图 4.61）。斜坡砖也需要将砖先进行切割成形后才能砌筑，使用得较少。

（8）圆棱砖

圆棱砖是将砖的下半部分切成接近半圆柱形，在砖的中部形成一道很深的阴刻线条，加强了檐下的装饰效果（图 4.62）。这种砖的施工工艺较复杂，造价较高，所以使用较少。

（9）臭蚤窝砖

臭蚤窝砖也需要将砖先进行雕刻成形后才能砌筑，施工工艺较复杂，造价较高，所以使用较少，个别窑院的砖墩部位会用到这种砖。每块臭蚤窝砖上都有多个三角锥体的突出和凹陷部分，使檐下砖面具有强列的光影效果和层次感，这种砖雕和相对应木雕的处理手法相同（图 4.63）。

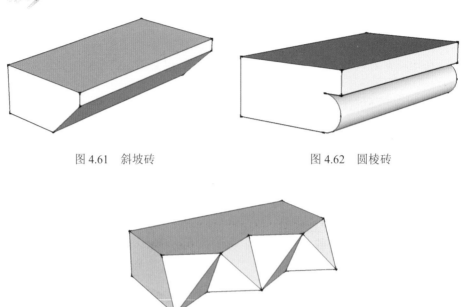

图 4.61   斜坡砖   图 4.62   圆棱砖

图 4.62   臭蚤窝砖

张村塬上人马寨村中有一座地坑窑院为国家级非物质文化遗产——陕县地坑窑院营造技艺传承人王润牛的老窑院。下卧层的做法基本集合了上述各种砖雕的种类（图 4.64）。

— 槽瓦
— 斜坡砖

— 椽头砖
— 凹面砖
— 棱形柱
— 臭蚤窝
— 富贵不断头
— 圆棱砖

图 4.64   下卧层砖雕

4.4　穿靴、戴帽和顶天柱

4.4.1　勒脚

勒脚通过在窑腿根部嵌入防水材料（砖、石等）来形成防水防潮的保护层，如同给窑腿穿上了靴子，所以当地人也将其形象地称为"穿靴"。穿靴、戴帽和顶天柱位置示意图如图 4.65 所示。

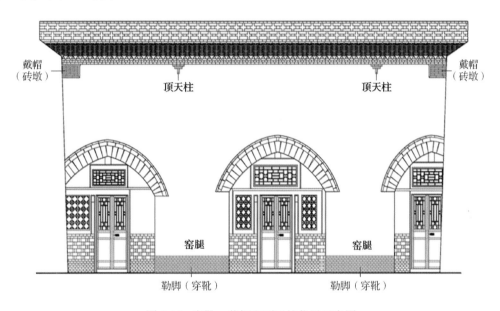

图 4.65　穿靴、戴帽和顶天柱位置示意图

窑腿根部是窑院内最易受雨水侵蚀破坏的部分，与雨水的接触会大大降低土体的强度，并严重影响地坑窑院的结构安全。因此，勒脚的设置是提高窑腿根部防水防潮能力的有效方法。

勒脚的砌筑一般在刷窑之后，泥窑之前进行。地坑窑院上主窑崖面的勒脚比其他方向崖面的多 2 皮砖，一般上主窑崖面的勒脚高度会做到 7 ~ 9 皮砖，其他崖面的勒脚高度为 5 ~ 7 皮砖。

勒脚的构造尺寸：主窑面勒脚的高度为 540mm（约 9 皮标砖厚）（图 4.66），其他面勒脚的高度为 420mm（约 7 皮标砖厚）（图 4.67）；或主窑面勒脚的高度为 420mm（约 7 皮标砖厚），其他崖面勒脚的高度为 300mm（约 5 皮标砖厚）。宽度为全窑腿宽度。嵌入厚度为半砖，即 120mm。勒脚的构造方法：将窑腿全宽度范围内的土体削掉半砖厚，将砖嵌入，用水泥砂浆平砌，并填实嵌入体与本体的接缝。

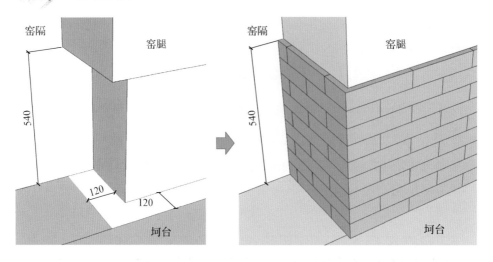

图 4.66　主窑面勒脚的构造示意图（单位：mm）

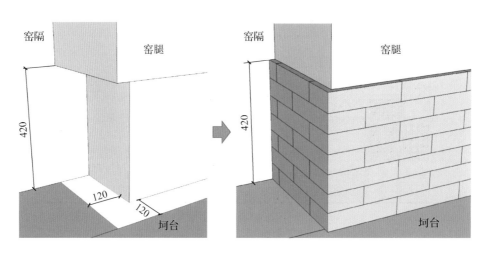

图 4.67　其他面勒脚的构造示意图（单位：mm）

4.4.2　戴帽

戴帽也称砖礅，指的是相交崖面位于檐口下方阴角处的嵌砖装饰，因似崖顶戴上了帽子而得名。戴帽的做法非常多，墩下砖雕装饰种类也非常多：有的是嵌入五层砖，当地称五行砖；有的嵌入三层砖，当地称三行砖；有的会加入仿木砖雕；有的还会在其下设砖雕石灯笼（图 4.68）。所砌砖的层数及装饰体现了屋主的财力和地位。

戴帽的作用有 3 种：一是防止从相邻两个方向的挑檐交角处的排水槽流下的雨水侵蚀其所在位置的崖面；二是起到承托上部护崖檐重量的作用；三是作为戴帽的装饰功能，丰富了立面的装饰效果。

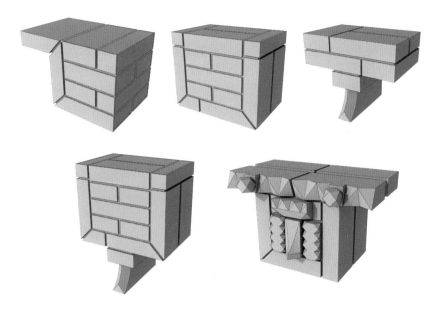

图 4.68　戴帽的类型

　　通常在窑院的上主窑崖面上，戴帽采用七皮砖砌筑，而在下主窑采用五皮砖砌筑，由此再一次强调了上主窑崖面在院落中的地位和重要性（图 4.69 和图 4.70）。有的还在戴帽最上一皮砖的最外缘做斜向切角（图 4.69 和图 4.70）。当然，不同窑院对于戴帽在不同崖面的处理手法非常多，但都遵循一条原则，即上主窑崖面对于戴帽的处理较其他崖面复杂。

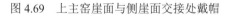

图 4.69　上主窑崖面与侧崖面交接处戴帽

图 4.70　下主窑崖面与侧崖面交接处戴帽

4.4.3　顶天柱

　　顶天柱并不是在所有窑院崖面都有的，仅在窑院主窑方向的宽度较大的情况下，才会在上主窑崖面戴帽的下部均匀、对称地添加。其作用主要有两种：一是与戴帽一起成为承托上部挑檐重量的受力构件，使上主窑方向的崖面受力更加均匀；二是作为崖面装饰构件的一部分，将较宽的上主窑崖面狭长的檐部通过竖向的三段式划分，使崖面从比例和尺度上看更加均衡。从造型上看，顶天柱采用了砖仿木的做法（图4.71）。

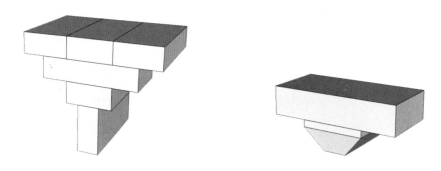

图4.71　顶天柱模型示意图

4.5　入口门洞和拦马墙

4.5.1　入口门洞

入口门洞是进入窑院的唯一途径，由地面到窑院是通过坡道逐步进入的[36]。在修筑过程中，门楼部分坡道的宽度 b 一般大于入口起始处坡道宽度 a（图4.72）。

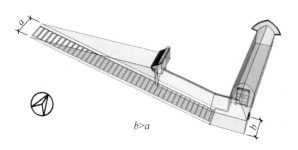

图4.72　坡道宽度变化示意图

坡道所用材料仅有砖、石和黄土三种，但铺砌的种类非常多，如砖石的铺砌方式主要包括平铺和斜铺及竖向铺砌（图4.73～图4.85）。不管采用哪种铺砌方式，其主要目的有三个：一是保证坡道的耐久性和排水的顺畅性；二是防滑；三是保证农用架子车的进入。

图 4.73　窑底村 3 号院半砖半土坡

图 4.74　窑底村 4 号院中间石阶两边土坡

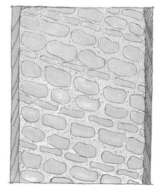

图 4.75　窑底村 9 号院全石斜向竖铺与平铺

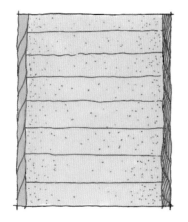

图 4.76　庙上村 63 号院土台阶

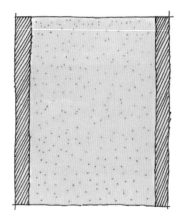

图 4.77　窑底村 69 号院全土坡道

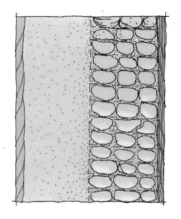

图 4.78　窑底村 10 号院半石阶半土坡

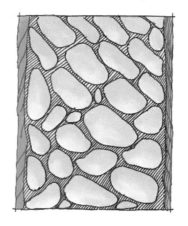

图 4.79　窑底村 12 号院全石阶斜向铺

图 4.80　窑底村 16 号院全砖斜向竖铺与平铺结合

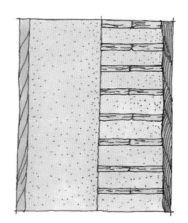

图 4.81　窑底村 43 号院半竖砖半土坡

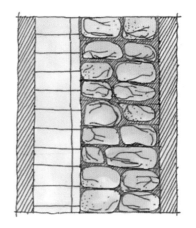

图 4.82　窑底村 44 号院石加单边砖坡道

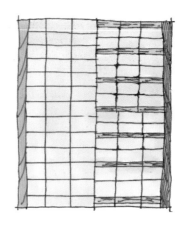

图 4.83　窑底村 57 号院全砖半竖砖半平砖

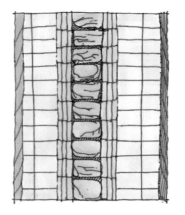

图 4.84　窑底村 59 号院中间砖石台阶，两边砖平铺

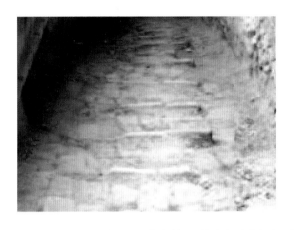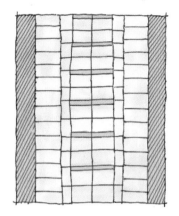

图 4.85　窑底村 64 号院全砖中间竖平铺结合，两边平铺

门楼的形式主要包括复式挑檐门楼（图 4.86）、砖挑檐门楼（图 4.87）和瓦挑檐门楼（图 4.88）。复式挑檐门楼根据券洞的形式又可为圆券门楼和尖券门楼两种，其精细和复杂程度远远超过砖挑檐门楼和瓦挑檐门楼。

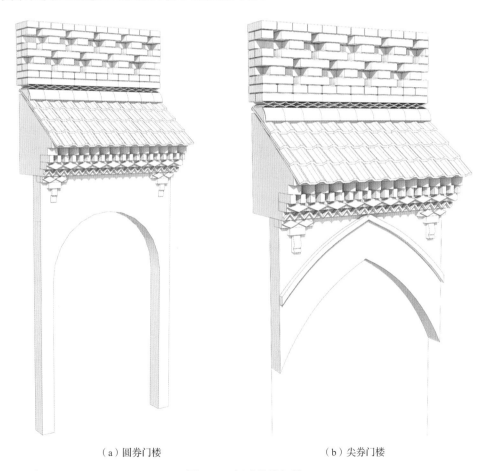

（a）圆券门楼　　　　　　　　　　　（b）尖券门楼

图 4.86　复式挑檐门楼

图 4.87　砖挑檐尖券门楼　　　　　图 4.88　瓦挑檐尖券门楼

4.5.2　拦马墙

拦马墙是地坑窑院民居唯一处于地面以上的部件。因此，不管是朱门绣户还是普通百姓，都格外重视拦马墙的建造。窑居区的居民不遗余力地选用不同的材料及构筑形式来建造拦马墙，以求突出它的专属性。人们从拦马墙的材料、构筑形式不仅可以确定窑院的建造年代，还可以判断窑院主人的家境情况。

拦马墙的花形多种多样，富有浓厚的地域文化。豫西地区偏爱石榴花、十字花等简单大方的花形，豫中地区则偏爱复杂精致的雕花，如菊花、腊梅、牡丹、万字如意纹等。这些花形给生土窑居赋予了勃勃生机[37-39]。

1. 无花形的砖砌拦马墙

全砖砌筑拦马墙，无专门设置的花形，但可采用不同的砌筑方式。无花形砖砌拦马墙又分为两类：全砖砌筑拦马墙和空斗拦马墙。

全砖砌筑拦马墙（图 4.89），其组砌方式有：一顺一丁式、多顺一丁式、"梅花丁"式、全顺式、两平一侧式等。

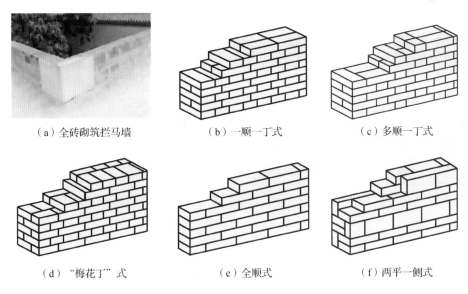

（a）全砖砌筑拦马墙	（b）一顺一丁式	（c）多顺一丁式
（d）"梅花丁"式	（e）全顺式	（f）两平一侧式

图 4.89　全砖砌筑拦马墙及组砌方式

空斗拦马墙的砌筑方法分有眠空斗墙和无眠空斗墙两种。侧砌的砖称斗砖，平砌的砖称眠砖。有眠空斗墙是每隔 1～3 皮斗砖砌 1 皮眠砖，分别称为一眠一斗、一眠二斗、一眠三斗。无眠空斗墙只砌斗砖而无眠砖，所以又称为全斗墙。空斗墙的中间夹心部分可以用土体或碎砖等填砌，这样可以节省砖材，降低造价（图 4.90）。

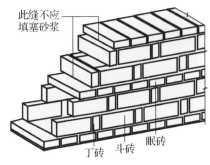

（a）空斗墙拦马墙实际图	（b）空斗墙砌筑图

图 4.90　空斗拦马墙

2. 十字花形的砖砌拦马墙

十字花形是用砖砌筑起来的花形，砌筑单个花形时，砖与砖之间留有一定间距形成花形，然后每隔一定距离砌筑一个十字花形，这样就形成了漂亮的十字花形拦马墙（图 4.91）。十字花形有单层和多层，有时也会在十字花的上面或下面再砌筑一层六分眼或是其他花形来丰富拦马墙的造型、加高拦马墙。

（a）单排十字花形拦马墙

（b）双排十字花形拦马墙

（c）六分眼单排十字花形拦马墙

（d）六分眼双排十字花形拦马墙

图 4.91　十字花形拦马墙

十字嵌花形是在十字花形的基础上，在十字形孔洞中用小瓦拼砌各种各样的花形。相比十字花形拦马墙，十字嵌花形拦马墙更为精致美观（图 4.92）。

（a）十字嵌花形拦马墙（一）

（b）十字嵌花形拦马墙（二）

图 4.92　十字嵌花形拦马墙

3．火葫芦花形拦马墙

火葫芦形拦马墙用小青瓦构筑造型，美观大方，寓意窑居居民生活越过越红火（图 4.93）。火葫芦花形拦马墙以砖砌拦马墙为基础，在面向窑院一侧预留孔洞，孔洞里面用小瓦拼砌火葫芦花形。孔洞大小由火葫芦个数决定，有的孔洞可以填 1 ～ 3 个火葫芦，有的可以填一排十几个火葫芦，较高的拦马墙可以填入两排的火葫芦。

（a）火葫芦花形拦马墙（一）

（b）火葫芦花形拦马墙（二）

图 4.93　火葫芦花形拦马墙

4．鱼肚形拦马墙

鱼肚形拦马墙用小瓦两两组合而成的，就像一条条灵动的小鱼，象征着窑居居民的生活富裕、年年有余（图 4.94）。鱼肚形拦马墙是在砖砌拦马墙预留的孔洞内用小青瓦拼砌一排或多排鱼肚形。

（a）鱼肚形拦马墙（一）　　　　　　（b）鱼肚形拦马墙（二）

图 4.94　鱼肚形拦马墙

5．鱼鳞形拦马墙

鱼鳞形拦马墙与鱼肚形拦马墙的砌筑方法类似，在砖砌拦马墙预留孔洞中的小瓦凸向天空放置，相邻两排小瓦交错搭接，多排小瓦的搭接使花形图案如鱼鳞一般（图 4.95）。鱼鳞形拦马墙也寓意着人们生活富裕。鱼鳞形和鱼肚形也常组合在一起形成鱼鳞鱼肚组合形拦马墙（图 4.96）。

图 4.95　鱼鳞形拦马墙　　　　　　图 4.96　鱼鳞鱼肚组合形拦马墙

6．柳叶形拦马墙

柳叶形拦马墙用小青瓦两两组合成一个椭圆，以 45°的角度摆放在砖砌筑留置的孔洞中（图 4.97）。

图 4.97　柳叶形拦马墙

7．石榴花形拦马墙

石榴花形拦马墙是在火葫芦形的上边再放置 2 ～ 3 个两两组合的小椭圆，石榴花形有正置倒置两种摆放方法（图 4.98）。石榴是一种多籽的水果，而且成熟的石榴籽像红宝石一样，象征着多子多福。

（a）正石榴花形拦马墙

（b）倒石榴花形拦马墙

图 4.98　石榴花形拦马墙

8. 蜂巢形拦马墙

蜂巢形拦马墙（图 4.99）是用成形瓦材拼砌形成的，可以拼砌一排或多排，外观看上去就像蜂巢一样，象征着窑居住民的勤劳与智慧。

图 4.99　蜂巢形拦马墙

9. 链环形拦马墙

链环形拦马墙是青瓦之间正反互相紧扣而成的，相邻两个青瓦有一半重叠，一块凸向天空，另一块凹向地面，非常亲近可爱（图 4.100）。

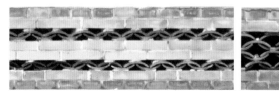

图 4.100　链环形拦马墙

10. 砖雕刻形拦马墙

少数拦马墙上的装饰还采用在青砖上雕刻花纹的形式，工匠们会在砖上雕刻带有吉祥寓意的汉字或其他各类花纹（图 4.101）。

（a）汉字砖雕刻形拦马墙

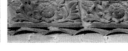

（b）菊花砖雕刻形拦马墙

图 4.101　砖雕刻形拦马墙

11. 斜砌砖形拦马墙

斜砌砖形拦马墙是用砖块旋转一定的角度在预留孔洞中砌筑而成的，砖块采用向同一个方向斜砌，或相邻两个砖块向不同的方向斜砌，有的还会在斜砌砖形的上部砌一层六分眼（图4.102）。

（a）同方向斜砌砖形拦马墙　　　　　　（b）不同方向斜砌砖形拦马墙

图 4.102　斜砌砖形拦马墙

12. 立柱形拦马墙

立柱形拦马墙是利用一砖竖立，然后在砖的上下两端各砌一块丁砖，或是在砖的上下两端各砌一个筒瓦构成的（图4.103）。立柱形拦马墙的砌筑方法是在面向窑院院心的内侧用砖砌筑，在放置小立柱的地方留置矩形孔洞，然后在孔洞里面用砖砌立柱花形，最后在其上砌筑丁砖封顶。

（a）立柱花形拦马墙（一）　　　　　　（b）立柱花形拦马墙（二）

图 4.103　立柱形拦马墙

为了取得更好的装饰效果，窑匠常在立柱间嵌花，在间隙里面用青瓦拼砌出不同花形（图4.104）。

（a）嵌花形拦马墙（一）　　　　　　（b）嵌花形拦马墙（二）

图 4.104　柱间嵌花形拦马墙

4.6　地面和地窖

4.6.1　地面

人生活在地坑窑院这种围合的空间中，与地面的直接接触，使地面的处理与修饰占有重要地位。传统窑居最简单的室内地面处理方法是直接采用素土或灰土夯实。一些居民会采用实心黏土或方砖铺地，铺设的方式多为均匀铺设，此外还可以根据需要铺设成一定的图案。

1. 地面硬化区域分类

无论采用哪种地面处理方式，单个窑室内部的地面一般只采用一种类型，整个室内地面均匀处理。相对于室内地面的单一化处理方式（图4.105），窑院地面通常采用多种组合方式进行处理（图4.106）。

图4.105　窑室内部砖地面　　　　　　　　　图4.106　窑院砖地面

窑院地面的处理不仅能够对院内的水循环系统起重要作用，还能够为窑洞院落提供错落有致、干净清爽的活动空间，提高地坑窑院民居使用者的生活质量。调研发现，窑院地面一般有天然夯土地面与硬化地面两种，但是为了窑院空间的绿化，以及满足日常使用要求，通常只进行局部硬化。在传统地坑窑院的整修过程中，通过对室外地面的局部砖铺硬化，根据传统的坑台内沿的铺砌方式，衍生出了采用天然地面与硬化地面多种不同的结合形式（图4.107），使窑院地面富于多种变化而充满生机，给传统地坑窑院民居带来了一种独特的美感。

为使地面富有层次感同时便于排水，窑院地面的硬化由窑腿部位开始向院心铺砌，靠近院心部位的砖立砌，硬化宽度一般为1～2m，硬化区域与院心夯土地面一般存在150～300mm的高差。

2. 砖地面铺砌类型

烧结砖作为地面硬化铺装的主要材料，解决了泥土地面在雨水天气泥泞、不卫生的问题。

传统生土地坑窑院民居室内外地面铺装时常采用方砖、青砖、红砖三种类型。青砖与红砖虽然强度、硬度差不多，但青砖在抗氧化、水化、大气侵蚀等方面的性能明显优于红砖，同时具有密度高、抗冻性好、不变形、不变色的特点，因此在窑居室内外地面的硬化铺装时常采用青砖。

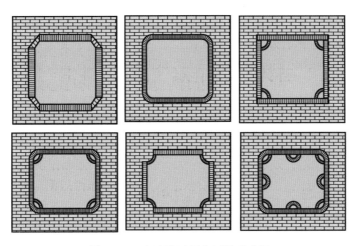

图 4.107　窑院地面硬化区域形式图

　　根据所用砖的不同，可选择不同的铺砌方式进行施工，方砖一般采用斜漫、十字缝和丁字缝铺砌三种方法（图 4.108）。

（a）方砖斜漫　　　　　　　（b）方砖十字缝　　　　　　　（c）方砖丁字缝

图 4.108　方砖铺砌样式图

　　相对于方砖铺砌方式的单一化，青砖或红砖的三向尺寸提供了更多自由变换的铺装样式，或水平或垂直或斜向，可以形成样式不一的纹理。通过实地调研可总结出，在传统生土地坑窑院民居地面处理方式中，青砖或红砖有以下传统铺装样式：一顺一横、席纹、人字纹、条砖十字缝、万字锦等（图 4.109）。

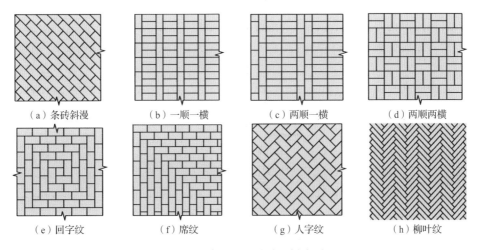

（e）回字纹　　　　　　（f）席纹　　　　　　（g）人字纹　　　　　　（h）柳叶纹

图 4.109　青（红）砖铺砌样式图

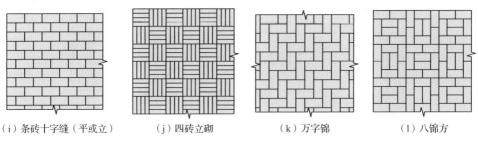

（i）条砖十字缝（平或立）　　（j）四砖立砌　　　（k）万字锦　　　　（l）八锦方

图 4.109（续）

4.6.2　地窖

地窖俗称红薯窖，主要用于存储红薯等食物，一般设置在距离厨房较近的位置。地窖的构造类似于渗井（图 4.110），位置有时选择在水井中（图 4.111），有时选择在窑腿墙根下（图 4.112）或窑隔墙根下（图 4.113），总之要设置在院内坷台地面范围内，注意避开茅厕窑、牲畜窑等较污浊的场所，同时要注意隐蔽与使用坚固的窖盖，防止影响窑主人的正常通行和发生踩空掉落的危险[40]。

地窖的处理方式有三种：一是在紧贴窑腿下边沿设置，向下挖至深 4 ~ 5m，再在底部横向开挖宽 1.5m，高 1 ~ 1.2m 的窑，进深方向根据不同家庭的不同储藏需求来定，小的进深 2 ~ 3m，大的储藏面积能达到 7 ~ 8m²，能存放 1500 ~ 2500kg 的红薯。为了防雨水，有的先在两孔窑的窑腿先开挖一个较浅的窑口，再向下挖窑。有的家庭为了省力，会在小窑内加一个辘轳，便于存取红薯（图 4.114）。二是在窑隔墙根下的窑腿处设置，构造同第一种。三是将地窖置于水井内，在井内半中腰部分横向开挖一个窑体，窑窑在高度上会达到 5 ~ 6 尺（1 尺 ≈ 33.33cm），基本上在 1.7m 左右，便于人进入取红薯。水井内温度较低，有利于红薯的长期保存（图 4.110）。其中第一种和第二种地窖在黄土塬上较为常见，第三种地窖现存案例较少。随着社会的发展，农村男性多外出打工，留下老人、妇女和孩子，将地窖置于井中，在取红薯时非常不方便且易发生危险，因此第三种做法逐渐被抛弃。

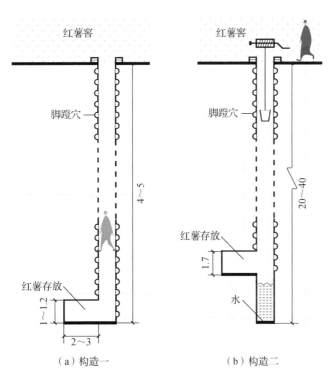

（a）构造一　　　　　　（b）构造二

图 4.110　地窖构造示意图（单位：m）

为了方便下地窖取红薯或萝卜，居民们在井壁的两侧凿出能用于脚踩的两排小洞（图4.110）。

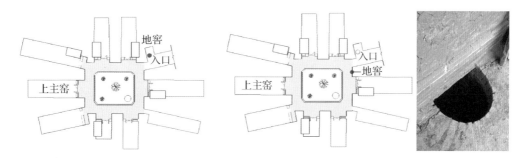

图 4.111　在水井窖中的地窖　　　　　　　　图 4.112　窑腿墙根下的地窖

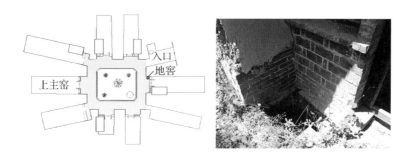

图 4.113　窑隔墙根下的地窖

图 4.114　带辘轳的地窖

4.7   吊顶和棚楼

4.7.1   吊顶

只有婚房才做吊顶。一般从窑隔内边沿一直到炕的依墙上部的窑顶整体做吊顶，扎完吊顶后再在吊顶上和两侧的墙面上糊上白纸，贴上剪纸，有时还会在吊顶边沿留上花絮。其构筑方式有两种：传统方法是采用芦苇秆构筑；衍生方法是采用木条构筑。

传统的婚房屋顶都要做吊顶，即用双根的芦苇秆通过麻绳或铁丝等绑扎成横竖交叉的井字骨架，在骨架对角线的交点向上垂直对应的窑顶的点倾斜打入木楔，再在芦苇架上找四个点，在木楔上钻孔，穿上麻绳或铁丝系住四个点，将整个芦苇架吊起。为了保证其坚固性，有的会在垂直于窑壁的两边替换为较粗的木棍进行绑扎，然后用铁钉将木棍的两端固定在窑壁上（图 4.115），有的会用竹签将两侧贴墙部分芦苇秆用多个竹签钉在窑壁上。之后在其架子底面用白纸或花纸裱糊，再贴上黑色或红色剪纸团花[41]。

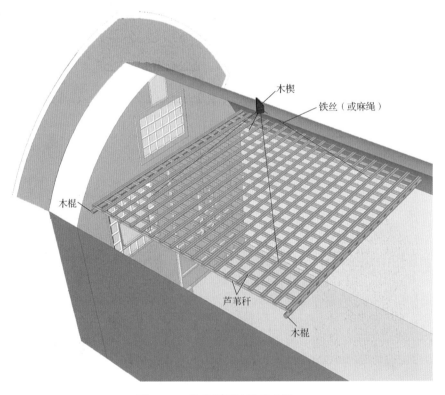

图 4.115   传统吊顶构造示意图

4.7.2   棚楼

棚楼与吊顶最大的区别在于，棚楼用木头搭建，坚固耐用，可作为储物空间使用，因此对承重有较高的要求。过去黄土塬上木材比较匮乏，价格也相对较高，一般只有富裕人家才会使用，所以案例相对较少。在张村塬上的人马寨村有一户，在上主窑采用了棚楼的作法。棚楼高 2.1m 左右，用 5 根柱径约 20cm 的木梁顺着进深方向横向排列，将梁的两端嵌入土体，柱间距为约 75cm。然后在梁上搭板，板厚为 2.5cm，板宽 20～25cm，板长为 3.6m，板垂直于木梁摆放，在平行于木梁、垂直于木板的方向用长 2cm、宽 3.8cm 的木条钉于板上，每两根木梁之间有 5 根木条，木条间距都为 10～15cm，最后用钉将木板固定于 5 根木梁之上（图 4.116 和图 4.117）。

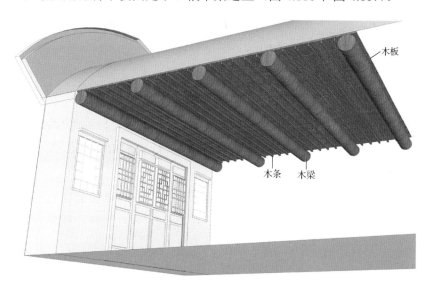

图 4.116　地坑窑院棚楼构造示意图

图 4.117　地坑窑院棚楼剖透视图

4.8 灶、风箱和天爷庙

4.8.1 灶和风箱

1. 灶

灶是居民生活的基础设施。在地坑窑院聚集区，灶的类型非常多，大多是手工制作的，体现了很高的艺术性，充分体现了当地劳动人民的智慧和艺术造诣。

（1）连炕灶

窑洞内多采用连炕灶，灶的烟道与炕下遍布的烟道连通。连炕灶不仅能用于做饭，在寒冷的冬季，还能为整个房间提供采暖（图4.118）[42]。

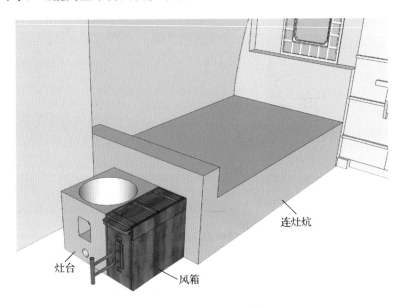

图4.118 连灶炕的灶台

（2）角窑灶

在夏季如果采用连炕灶做饭会使窑内过热，因此，有的居民会将灶打在屋外的角窑嵌入侧向土体的部分，与炕共用一个烟囱。居民一般会将窑炕口的烟道用团草或旧衣物堵住，只供窑外的角窑灶通过烟洞向上排烟（图4.119）。

（3）单口灶

因为夏季在角窑窗外做饭经常会熏黑墙面，所以有的居民会将灶打在院子中间。常用的灶有单口灶和双口灶两种。单口灶指的是只有一个灶口的灶，由于这种灶体量较小，重量也比较轻，居民可根据需要自由摆放（图4.120～图4.137）。

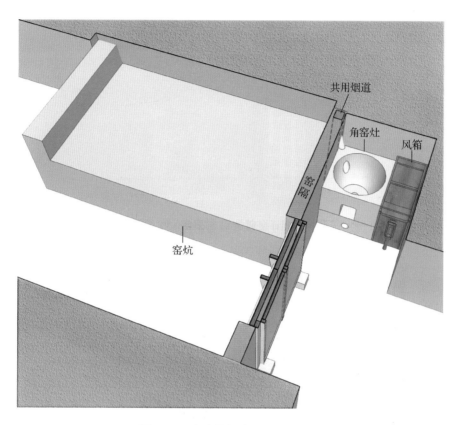

图 4.119　角窑灶与连炕窑共用烟道

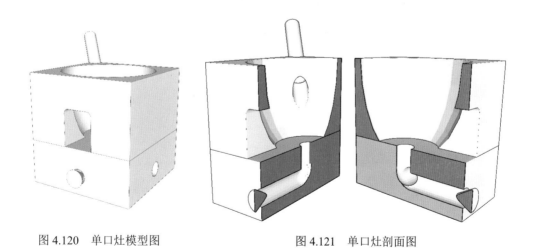

图 4.120　单口灶模型图　　　　　图 4.121　单口灶剖面图

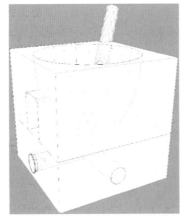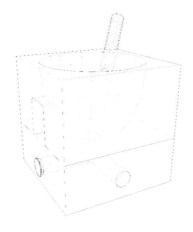

图 4.122　单口灶的构造

图 4.123　窑底村 63 号院单口灶实景图

图 4.124　窑底村 63 号院单口灶模型图

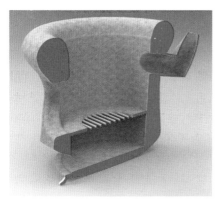

图 4.125　窑底村 63 号院单口灶剖面图

图 4.126　窑底村 18 号院单口灶实景图

图 4.127　窑底村 18 号院单口灶模型图

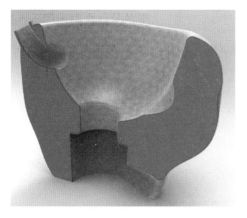

图 4.128　窑底村 18 号院单口灶剖面图

图 4.129　庙上村 4 号院三足单口灶实景图

图 4.130　庙上村 4 号院三足单口灶模型图　　　图 4.131　庙上村 4 号院三足单口灶剖面图

图 4.132　庙上村 6 号院单口　　图 4.133　庙上村 6 号院单口　　图 4.134　庙上村 6 号院单口

灶实景图　　　　　　　　　　灶模型图　　　　　　　　　　灶剖面图

图 4.135　庙上村 2 号院烧饼灶　　图 4.136　庙上村 2 号院烧饼灶　　图 4.137　庙上村 2 号院烧饼灶

　　　　　　　　　　　　　　　模型图　　　　　　　　　　　剖面图

（4）双口灶

双口灶的灶口有两个，共用一个排烟道和烟囱（图 4.138 ～图 4.141），可以同时用于炒菜和蒸煮。双口灶一般摆放在院子内，有的摆放在院内坷台交角的边沿，有的摆放在窑院入口窑内。

图 4.138　庙上村 11 号院双口灶实景图

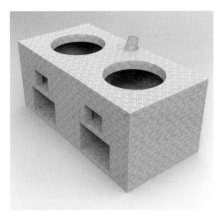

图 4.139　庙上村 11 号院双口灶模型

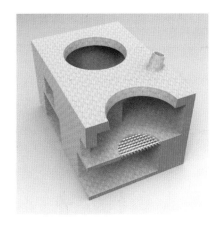

图 4.140　庙上村 11 号院双口灶横剖图

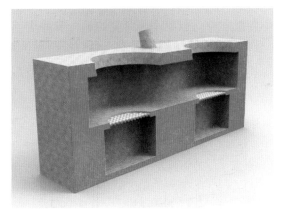

图 4.141　庙上村 11 号院双口灶纵剖图

（5）穿山火

穿山火作为一种特殊的灶型，主要用在一些传统的红白喜事、生子、节日、乔迁等重要的日子里。当宴请宾客时，每家每户原先用的单口灶、双口灶已经不能满足使用需求，居民便临时就地修砌穿山火。该灶占地面积较大，宴席结束后一般会被拆除，当需要时再进行搭建。

以庙上村 0 号院的穿山火为例，共有七个灶口，从第一到第七个灶分别用来蒸、煮、煎、炒、炖、炖或煨、煨（图 4.142）。在当地有"七快八慢九消停"的说法，意即灶的数量多，做起宴席才不至于时间过于紧迫。

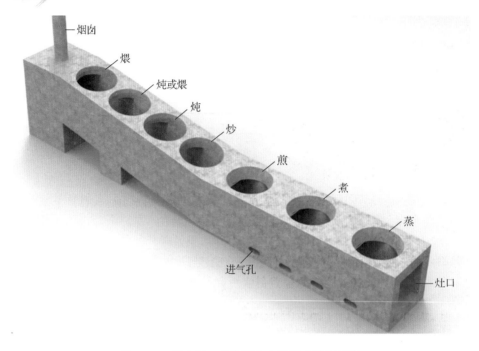

图 4.142　庙上村 0 号院穿山火及其功能示意图

2. 风箱

为了使火烧得更旺，居民一般会在灶的边上配上风箱（图 4.143～图 4.147）。

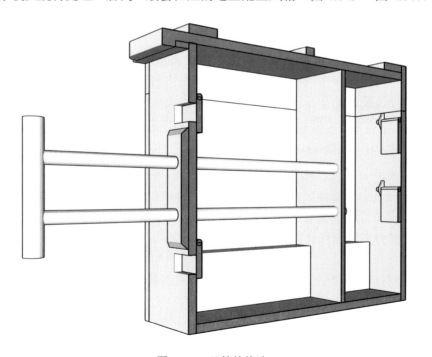

图 4.143　风箱的构造

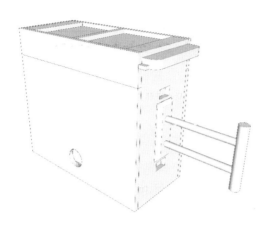

图 4.144　风箱的模型

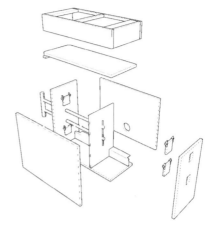

图 4.145　风箱的构成分解

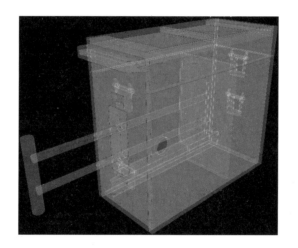

图 4.146　风箱的构造透视

图 4.147　单口灶与风箱

4.8.2 天爷庙

天爷庙多出现于北坎宅。有时北坎宅会在上主窑崖面，也就是上主窑和角窑之间的窑腿中间位置（主要是因为这个方位正对入口门洞）上方加一个小窑，俗称天爷庙。天爷庙存在两种情况：一种设于上主窑与东北角窑之间（图4.148）；另一种设于上主窑与西北角窑之间（图4.149）。

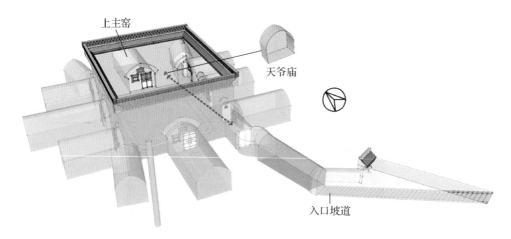

图 4.148　天爷庙设于上主窑与东北角窑之间的情况示意图

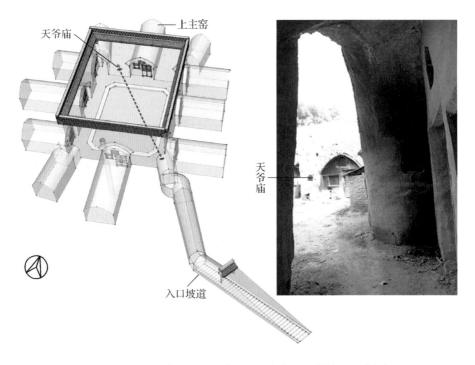

图 4.149　天爷庙设于上主窑与西北角窑之间的情况示意图

大部分北坎宅为了规避这两种情况，有的为了防止稍门直冲主窑崖面，不设天爷庙，而采用其他方式，如会将其用半墙遮挡（图 4.150），有的用外设的厨房遮挡稍门半明部分（图 4.151），有的将门洞窑整个内嵌入土体（图 4.152）。

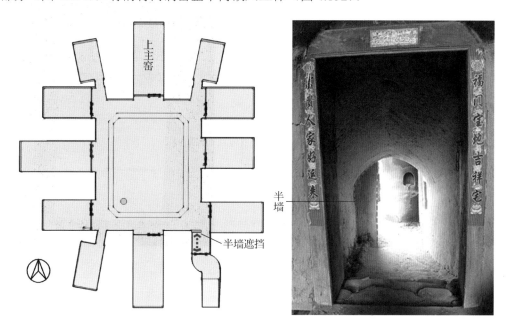

图 4.150　半墙遮挡稍门

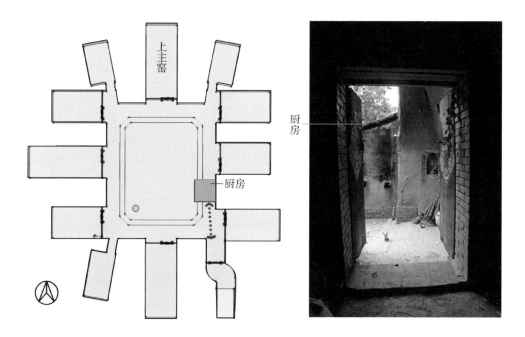

图 4.151　厨房遮挡稍门

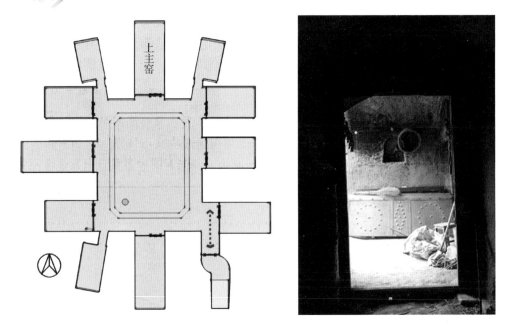

图 4.152　门洞窑内嵌

第 5 章
丰富简洁的装饰艺术

地坑窑院民居受仰韶文化的影响，在装饰内容、题材、色彩等方面呈现出既丰富又简洁的思想特点，表现出与其他民居建筑形式完全不同的地域特色。

5.1 地坑窑院民居的装饰特点

地坑窑院民居把众多的民间生活内容通过艺术处理，表现在建筑装饰中，具有很强的"俚俗性"，是民俗文化的集中体现。与遵循正统礼制、题材程式化的官式建筑装饰相比，地坑窑院民居的建筑装饰灵活美观、自得其乐。

5.1.1 简洁洗练的装修与装饰

1．灵活美观的小木装修

地坑窑院民居采用的是自支撑结构体系，没有大木构架，只有小木装修。其处理手法简洁洗练，通过简单形式的变换来表达不同地位和等级，应用在窑院中有主有次。小木装修主要有门和窗。门窗的窗棂多采用窗棂条形成的方格作为基础形态进行变换。在色彩的使用上也比较灵活，最初大部分以黑色为主，饰以红边。后来加入了红、蓝、绿、黄等色彩。大部分门上有彩画，主要有木工手绘、纸贴漆画和诗词题写三种类型。个别富裕人家在门上有少量雕饰。

2．种类众多的装饰部位

地坑窑院民居虽然整体造型简洁素雅，但装饰的部位很多，包括拦马墙、瓦面、檐下（包括戴帽和顶天柱）、吊棚、墙体等。窑院的装饰元素很相似，风格统一简洁，但又各有差异。例如，在拦马墙装饰所使用的材料相同，构图元素也很接近，从窑顶地面上看风格非常统一，但每座窑院又各有不同，具有较强的标识性与可识别性。

5.1.2 丰富多样的装饰题材

地坑窑院民居的装饰题材多取自人们的生活场景或花、草、鱼、鸟等自然景物，

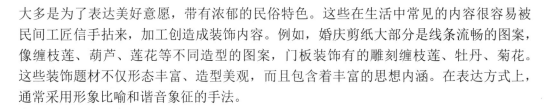

大多是为了表达美好意愿，带有浓郁的民俗特色。这些在生活中常见的内容很容易被民间工匠信手拈来，加工创造成装饰内容。例如，婚庆剪纸大部分是线条流畅的图案，像缠枝莲、葫芦、莲花等不同造型的图案，门板装饰有的雕刻缠枝莲、牡丹、菊花。这些装饰题材不仅形态丰富、造型美观，而且包含着丰富的思想内涵。在表达方式上，通常采用形象比喻和谐音象征的手法。

1. 形象比喻的表达

不同的外在形象，象征着不同的内涵。狮子具有雄壮的外形，代表着威慑和力量，多出现在滴水瓦的装饰图案中；鸳鸯常出双入对，故比喻好事成双，多出现在婚庆剪纸装饰中；莲花出淤泥而不染比喻品格高洁；福、禄、寿、喜、卍等汉字代表着幸福、厚禄、长寿、喜庆、吉祥，多出现在婚房吊顶上的剪纸装饰中和其他房间墙面的剪纸装饰中；梅、兰、竹、菊比喻性格刚直，不屈不挠；兰花形色幽丽，比喻幽静高雅；牡丹色彩绚丽、品种繁多比喻富贵吉祥。这些题材多出现在大门的裙板和绦环板上。

2. 谐音象征的表达

在地坑窑院民居的装饰中，谐音的应用比例相当高。谐音就是利用某种想表达心愿的汉语发音特征，从现实生活中找出与之发音相同或相近的事物来作为装饰的内容。例如，在大量的婚庆剪纸中，"荷"与"合"相通，象征百年好合；"鱼"与"余"相通，象征"年年有余"。在风门上的漆画中，"瓶"和"平"相通，因此风门上常出现瓶子中插月季花的图案，象征"四季平安"；"喜鹊"和"喜"相通，因此风门上也经常会出现喜鹊站在枝头上的图案，象征"喜上眉梢"。这些谐音表达出丰富的内涵和意义。

5.1.3　朴实自然的装饰风格

地坑窑院民居由于受儒家文化和仰韶文化的影响，在建筑装饰上处处体现着与自然环境的协调一致：以土黄色、冷灰为其主色调。青灰色的拦马墙突出于地面之上，青灰色护崖檐挑出素雅的黄土崖面，在淡黄色崖面上，简单几笔勾勒出尖拱形的窑脸[43]，黑底红边的简洁门窗深嵌入窑隔，院内再配上两颗树木的绿色做衬托。以上事物的色彩构成地坑窑院民居的色彩基调，远远望去给人以洗练、宁静、素雅、大方的直观感觉。

5.2　门窗的装饰

门窗是居民建筑中不可或缺的重要组成部分，也是其建筑艺术价值的重要载体。门窗占据着崖面出入口的大部分面积，与人的关系最为紧密，是整座窑院装饰的重点，讲究的门窗装饰也是窑洞颇具特色的部分。黄土高原色彩单调，为了美化生活环境，居民将窗户做得十分精美细致。门窗的用材多以槐木和椿木为主，黑底加边线描红作为装饰。

5.2.1 门

地坑窑院内各窑门通常分为两层，外侧为风门；内侧为实木门，俗称老门。

1. 门的组成

地坑窑院中大量的建筑门扇做得十分细长，长宽比较大。外门的门扇和《清式营造则例》中描述的做法相似，即用抹头分作上中下三段：榑心（俗称花心）、绦环板（俗称夹堂板）和裙板[44]。因这三部分所处位置关系的不同，一共存在三种形式的门（图 5.1），其中第三种形式的门的数量最多，第二种次之，第一种最少。门的装饰也主要集中在这三个部分，其中又以榑心的花纹类型为装饰重点，大部分外门的绦环板及裙板上也绘有非常精美的彩画。

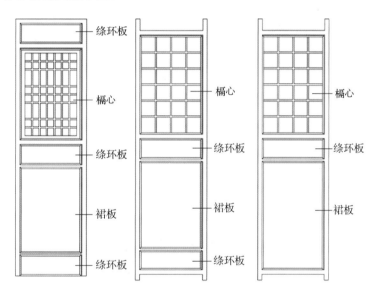

图 5.1 窑院中门的三种形式

2. 榑心花纹的类型

榑心中棂子传统的花纹有"方格套龟背锦""一码三箭""十字套方""方格"[45]，后来工匠们又创造了一些纹路图案（图 5.2 和图 5.3）。

龟背锦门窗榑心图案寓意健康长寿，无灾平安；"一码三箭"棂花的棂条细长，形象似箭插在箭囊上，故称"一码三箭"；"十字套方"样式的棂花图案包含四方形、十字、八角等，图案含有吉祥寓意。"方格"也称"网格"，网是捕鱼的工具，"鱼"与"余"同音，方格纹作为门窗榑心棂花出现建筑上，寓意财富有余。庙上村 3 号院上主窑大门是"方格套龟背锦"高窗和"十字套方"与"一码三箭"大门的结合（图 5.4）。

（a）"方格套龟背锦"　　　（b）"一码三箭"　　　（c）"十字套方"　　　（d）"方格"

图 5.2　传统门棂样式

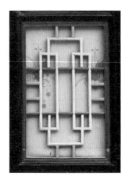

图 5.3　改造后的门棂样式

图 5.4　庙上村 3 号院上主窑大门

庙上村 3 号院上主窑风门榻心中棂子的花纹取的是"十字套方"（图 5.5）。后期改造的风门花样（图 5.6）层出不穷。

为了增加采光，有的风门会在榻心正中开设玻璃窗洞，并在边缘辅以简单的雕饰，如"臭虫窝"等式样（图 5.7）。门上棂以黑框为底色，辅以红色、绿色、蓝色、黄色等色彩，内部糊以白纸或装有玻璃，并贴有剪纸，更具装饰效果。

图 5.5　庙上村 3 号院上主窑风门　　　　　图 5.6　改造后的风门花样

3．门上装饰的类型

门上装饰的主要由榻心雕饰（图 5.8）、裙板装饰、绦环板装饰、附属构件装饰和窗花装饰共同组成（图 5.7）。

（1）裙板装饰

外门下面的裙板一般用彩画绘出花草鸟兽及各种吉祥如意的图案或者题有诗词歌赋（图 5.9 和图 5.10），表现出极强的装饰性。

装饰题材以自然景物、博古物器、花卉鸟兽、民间图案为主。用梅、兰、竹、菊比喻品格高洁；用牡丹比喻富贵吉祥；用"喜"等汉字代表喜庆、吉祥；用凤凰寓意吉祥和谐；用鹤寓意长寿；用鸳鸯寓意夫妻和睦、相亲相爱。总之，每种形象对应的寓意，都表达出丰富的内涵。

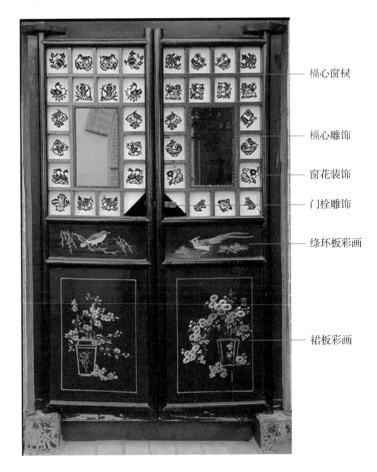

　　　　　　　　　　　　　　　　　　　—— 槅心窗棂

　　　　　　　　　　　　　　　　　　　—— 槅心雕饰

　　　　　　　　　　　　　　　　　　　—— 窗花装饰

　　　　　　　　　　　　　　　　　　　—— 门栓雕饰

　　　　　　　　　　　　　　　　　　　—— 绦环板彩画

　　　　　　　　　　　　　　　　　　　—— 裙板彩画

图 5.7　风门装饰的构成

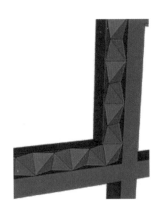

图 5.8　风门槅心雕饰

　　裙板上绘制的瓶子中插月季花象征"四季平安"；裙板上绘有喜鹊在枝头，则象征着"喜上眉梢"。谐音的表达在裙板装饰中发挥得淋漓尽致。

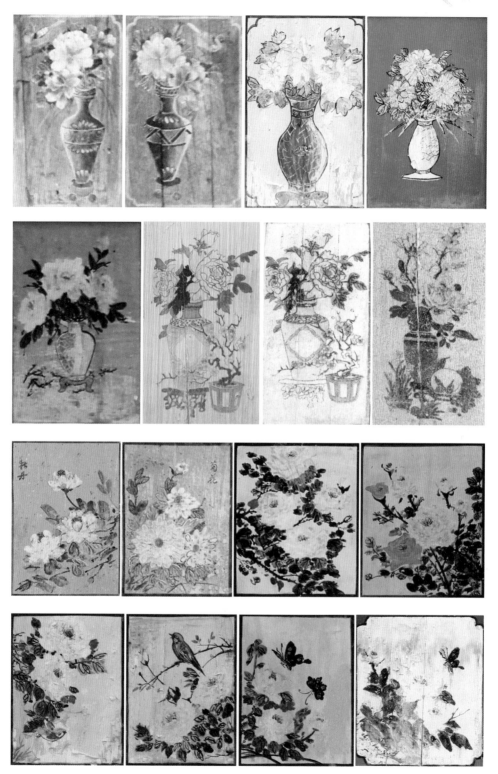

图 5.9　裙板彩画的类型

图 5.9（续）

图 5.9（续）

图 5.10　裙板诗词

（2）绦环板装饰

绦环板的装饰有雕饰、彩画和题词（图 5.11～图 5.13）三种。绦环板上的雕饰通常只出现在富裕人家的上主窑的门上，且在雕饰表面饰以彩漆或金粉。雕饰的题材主要有菊花、寿桃、福字、三环扣与蔓藤相互缠绕，寓意家庭和睦，幸福长寿美满；"方胜纹"即三个菱形相连的图案寓意生活幸福、婚姻美满；有的绦环板用十字套铜钱镂雕式样，钱古称"泉"，"泉"与"全"同音，寓意十全富贵（图 5.11）。绦环板彩画除了会采用梅、兰、菊、月季、牡丹、马蹄莲等花朵来寓意吉祥富贵、家庭和睦、吉祥如意之外，还会采用喜鹊与喜字、金鱼与莲花等形象来寓意喜上眉梢和连年有余（图 5.12）。

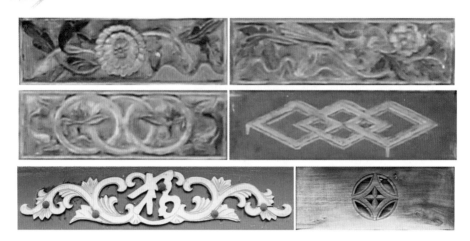

图 5.11　绦环板雕饰类型

图 5.12　绦环板彩画类型

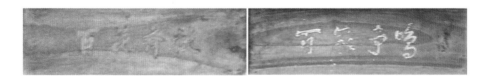

图 5.13　绦环板题词

（3）窗花装饰

窗花有单色窗花和染色窗花两种。单色窗花以黑色居多，这一方面与地坑窑院居住区的尚黑习俗有关，另一方面与黑色窗花最不易褪色有关[46]。窗花的题材有小动物、农作物、果蔬等，以反映窑院居民的日常生活为主（图 5.14）。

图 5.14　门上窗花装饰

4. 门上其他构件

（1）门簪雕饰

门簪[47]雕饰一般设于上主窑的大门或地坑窑院的稍门上，一般成对出现，用于装饰门头（图 5.15～图 5.17）。

图 5.15　庙上村 59 号院稍门门簪雕饰

图 5.16　庙上村 66 号院上主窑门簪雕饰

图 5.17　稍门门簪雕饰

（2）风门栓雕饰

地坑窑院内风门栓的雕刻手法和雕饰种类非常多，主要运用一些寓意吉祥的元素进行雕刻（图 5.18 和图 5.19）。

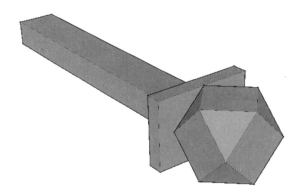

图 5.18　某风门栓模型

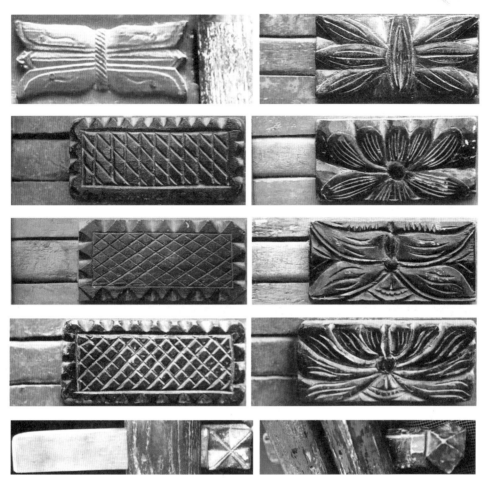

图 5.19　风门栓实例

5.2.2　窗

地坑窑院中窗的装饰形式众多、种类丰富，令人眼花缭乱。

1. 窗的形式及组成

窗从位置来看，主要分为气窗、高窗和侧窗（图 5.20）。一般来说，高窗的等级要高于侧窗，上主窑的窗户等级要高于院内其他窑。

窗从形式来看，有固定窗和少量平开窗，其中平开多是为了便于通风而后改造的。从窗的形状来看，主要为矩

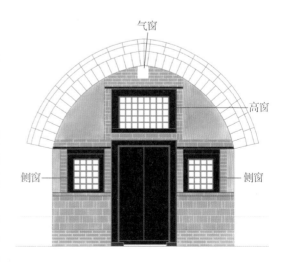

图 5.20　窗的位置示意图

形窗和方形窗。窗扇样式除少数后改的平开窗外，多数以外框中设槅心为主。居住窑的配窗设内外两层。

2．窗上槅心花纹的类型

槅心的纹路千变万化，没有固定的模式，以直线型纹路为主。窗棂同门一样，以黑框为底色，辅以红色、绿色、蓝色等色彩，内部糊以白纸或装有玻璃，并贴有剪纸，更具装饰效果。

地坑窑院常用的高窗的形式有四种，分别是"方格套龟背锦"高窗（图5.21）、"十字套方"高窗（图5.22）、"一码三箭"高窗（图5.23）和"方格"高窗（图5.24），依次代表了从高到低的等级规格。不同形式的窗的采用，不仅体现了各户窑院的装饰特点（图5.25～图5.28），还反映了窑主人身份地位及同一窑院内各窑的主次关系。

图5.21 "方格套龟背锦"高窗

图5.22 "十字套方"高窗

图5.23 "一码三箭"高窗

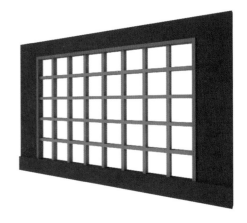

图5.24 "方格"高窗

图 5.25　改进后的高窗样式

（a）"十字套方"窗　　（b）"方格"窗（一）　　（c）"方格"窗（二）　　（d）"方格"窗（三）　　（e）"方格"窗（四）

图 5.26　侧窗

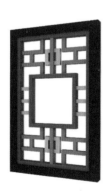

图 5.27　改进后的侧窗样式

图 5.28　庙上村 0 号院侧窗样式

3. 窗上装饰的类型

窗上装饰主要由槅心雕饰、窗栓雕饰和窗花装饰共同构成（图 5.29）。

图 5.29　窗上装饰的构成

（1）槅心雕饰

槅心雕饰主要有三种，手法都较为简洁，与地坑窑院的整体装饰风格一致（图 5.30～图 5.32）。

图 5.30　槅心雕饰（一）

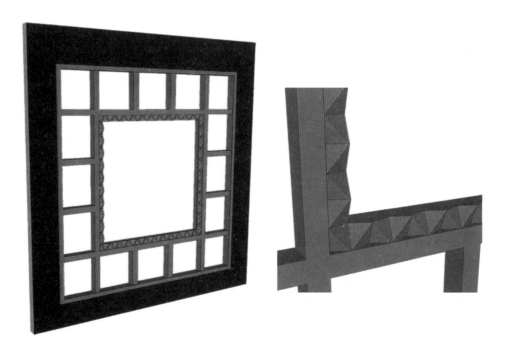

图 5.31　槅心雕饰（二）

图 5.32　槅心雕饰（三）

（2）窗栓雕饰

窗栓雕饰与很多门栓雕饰的题材相似（图 5.33）。

图 5.33　窗栓雕饰

（3）窗花装饰

窗花有黑色剪纸、红色剪纸和染色剪纸三种。装饰题材以居民生活中常见的动植物为主，包括花鸟鱼虫、果蔬花木、家禽牲畜等（图 5.29 和图 5.34），多用来寓意吉祥富贵、喜庆祥和、连年有余。

图 5.34　窗花装饰

除了外窗的装饰，部分内窗板上也有以彩色漆画作为装饰的（图 5.35）。

图 5.35　北营村老窑院内窗板上彩色漆画

5.3　拦马墙的装饰

拦马墙也是窑院的重点装饰部位。从最初的黄土和青瓦到青砖砌筑，窑匠们用本土的建筑材料和简单的砌筑手法砌出了种类繁多的装饰花墙。有的花墙还内嵌小青瓦作为装饰。放眼望去，地坑窑院整体色调形式非常统一，但细看会发现每座窑院的拦马墙组合的砌筑方式都各不相同，具有较强的可识别性。

在窑底村被调研的 80 多座地坑窑院中，调研人员甚至找不出四边拦马墙组合起来完全一样的窑院（图 5.36～图 5.47）。这种用单一的建筑材料塑造出千变万化的构成形态对当今大城市中千篇一律的建筑立面形态的改进具有一定的借鉴意义。

拦马墙是地坑窑院民居中唯一突出地面以上的部分，行走在塬面上映入眼帘的只有拦马墙。因此，人们倾其所能地装扮和美化它，把它看成自家的门面。不管是富甲一方的人家，还是普通百姓都格外重视拦马墙的构筑。在数千年的发展历程中，拦马墙已逐步演变成地坑窑院的标志。

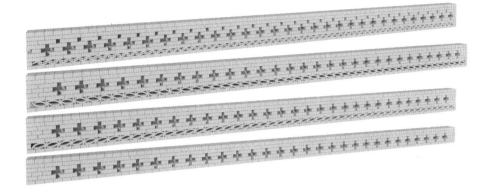

图 5.36 窑底村 22 号院拦马墙

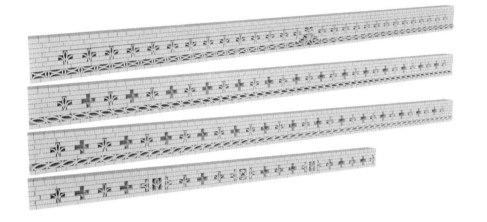

图 5.37 窑底村 47 号院拦马墙

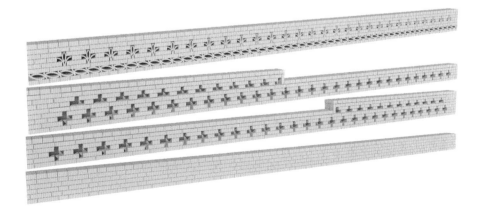

图 5.38 窑底村 58 号院拦马墙

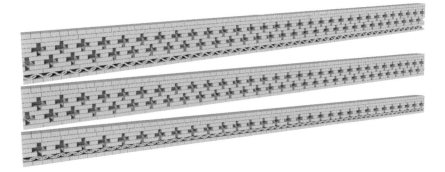

图 5.39　窑底村 10 号院拦马墙

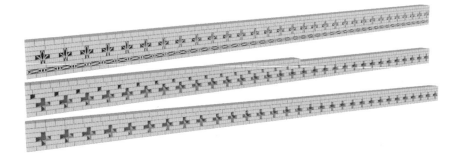

图 5.40　窑底村 73 号院拦马墙

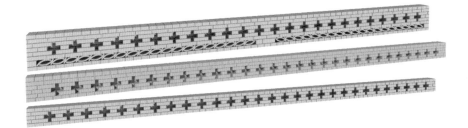

图 5.41　窑底村 15 号院拦马墙

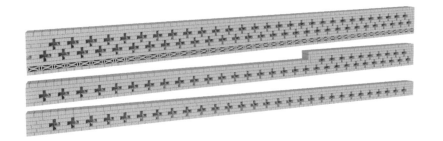

图 5.42　窑底村 18 号院拦马墙

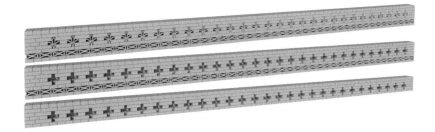

图 5.43　窑底村 24 号院拦马墙

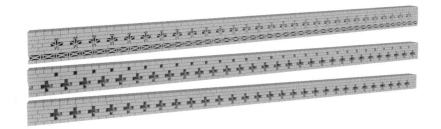

图 5.44　窑底村 28 号院拦马墙

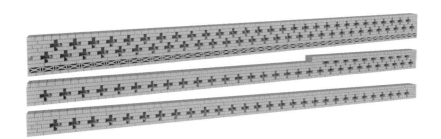

图 5.45　窑底村 30 号院拦马墙

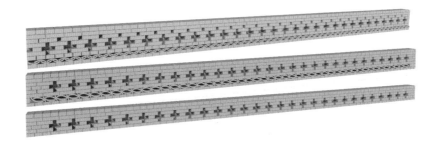

图 5.46　窑底村 50 号院拦马墙

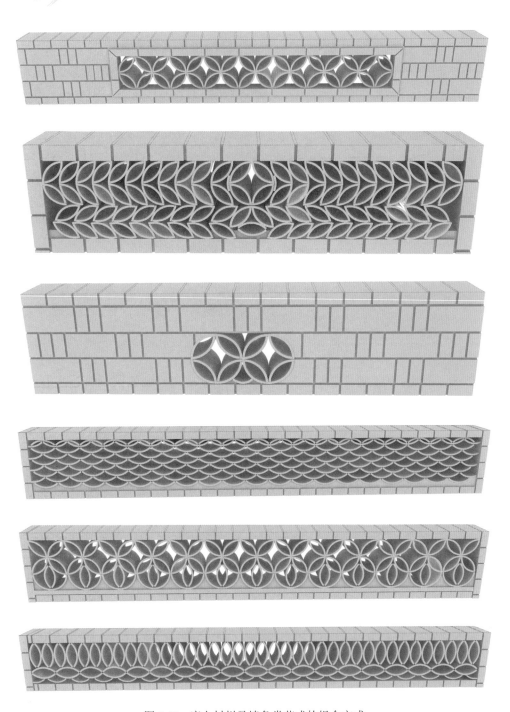

图 5.47　庙上村拦马墙各类花式的组合方式

　　有的地坑窑院村落还会在拦马墙的瓦花（图 5.48）及少量砖雕部分用红、黄、绿等色漆进行装饰（图 5.49）。

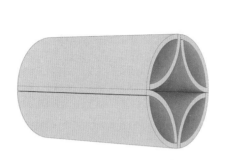

图 5.48　瓦花的构成

图 5.49　曲村拦马墙的装饰色彩

5.4　檐口和檐下装饰

5.4.1　檐口装饰

檐口装饰主要为滴水瓦图案装饰，主要装饰题材是生活中常见的动植物形象（图 5.50）。

图 5.50　滴水瓦图案装饰

图 5.50（续）

5.4.2　檐下装饰

　　檐下装饰主要包括"三砖"（图 5.51）、"四砖"（图 5.52）和"五砖"（图 5.53）的下卧层装饰、戴帽装饰和顶天柱装饰。

　　根据窑院居民的经济条件，有的窑院会在上主窑面檐下用"五砖"下卧层，其他面用"三砖"或"四砖"下卧层进行装饰；有的窑院会在四个崖面檐下都用"三砖"下卧层进行装饰（图 5.54）；有的窑院还会在檐下较精细的砖雕部分饰以红、绿等色漆（图 5.55）。

　　有的窑院通过戴帽处的用砖皮数的不同来装饰崖面交接处（图 5.56），有的窑院在戴帽之上或之下制作仿木砖雕（图 5.57 ～图 5.59），有的窑院在戴帽之下制作石灯笼（图 5.60）。石灯笼在造型上、色彩及精细程度上各有不同，窑匠多会在石灯笼表面涂以红、绿、蓝、黄等色彩的漆，以作装饰（图 5.61）。

顶天柱主要采用仿木的做法对较大的窑院进行装饰，一般通过两个顶天柱的加入使崖面均匀地分为三个部分，其造型也非常简练（图 5.62 和图 5.63）。

图 5.51　"三砖"下卧层

图 5.52　"四砖"下卧层

图 5.53　"五砖"下卧层

（a）五砖与三砖的衔接（一）　　　　　　　（b）五砖与三砖的衔接（二）

（c）五砖与三砖的衔接（三）　　　　　　　　（d）五砖与四砖的衔接

图 5.54　上主窑面与其他面下卧层的衔接

图 5.55　檐下"棱形柱"砖雕的装饰色彩

<table>
<tr><td>图 5.56　崖面交接处的戴帽</td><td>图 5.57　戴帽及其下的仿木砖雕（一）</td></tr>
</table>

图 5.58　戴帽及其下的仿木砖雕（二）　　　　图 5.59　戴帽上的砖雕

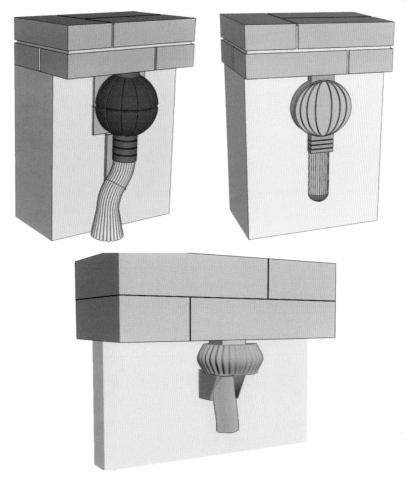

图 5.60　石灯笼模型图

图 5.61　石灯笼实景照片

图 5.61（续）

图 5.62 顶天柱位置示意图

图 5.63　顶天柱装饰

5.5　门楼装饰

门楼的装饰一般与窑院拦马墙、挑檐及檐下装饰相对应。形式、风格、色彩都非常统一，但在砌筑工艺、砖雕及装饰的处理上更为精细和讲究（图 5.64 ～图 5.69）。有的入口门楼会在上部小拦马墙内的瓦花上饰以色漆（图 5.70）。

图 5.64　门楼装饰（一）

图 5.65　门楼装饰（二）

图 5.66　门楼装饰（三）

图 5.67　门楼装饰（四）

图 5.68　门楼装饰（五）

图 5.69　门楼装饰（六）

图 5.69（续）

图 5.70 入口门楼上部瓦花的装饰色彩

5.6　室内装饰

5.6.1　窑炕

炕的装饰，包括炕沿和床头倚墙的雕花及漆绘装饰。装饰的题材多由简洁的棱形或环形相扣及三角形首尾相联的图案组成，并在表面饰以色漆，寓意家庭和睦，幸福美满（图5.71～图5.73）。也有的窑炕会用牡丹、蜻蜓、双喜等装饰元素或者整幅画卷作为装饰题材（图5.74）。

图5.71　炕的装饰（一）

图5.72　炕的装饰（二）

图 5.73 炕的装饰（三）

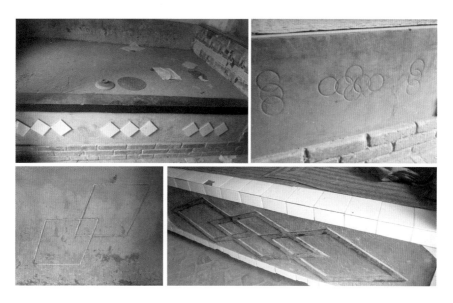

图 5.74 炕的装饰类型

图 5.74（续）

5.6.2　吊顶

　　吊顶主要用剪纸、纸絮和贴画等进行装饰。吊顶一般会覆盖住炕和一桌两椅所在的窑内前半部分空间，是婚房的重点装饰部位，先在吊顶结构的下部糊上白纸或花纸，再在其上贴上黑色或红色的剪纸。这类剪纸俗称"顶棚花"（图 5.75），是婚庆常用的一种喜花，由团花和角花共同组成。团花有方形、圆形和八角形，总体构图方中有圆，多采用石榴、莲、葫芦、牡丹、桂花、喜鹊、鸳鸯、仙鹤、鱼等元素组合成不同的题材，寓意圆满和谐、多子多福。角花多为蝴蝶和蝙蝠等形象（图 5.76）。吊顶棚的横边沿向下用芦苇作板围，板围上贴"富贵不断头"纹样剪纸[48]，并在其下挂彩色纸穗来烘托喜庆气氛（图 5.77）。

图 5.75　团花及角花

图 5.76　蝴蝶和蝙蝠角花[49]

图 5.77　顶棚花及纸穗装饰

5.6.3　墙壁装饰

　　墙壁装饰多集中在吊顶下的墙壁部分，主要用剪纸和贴画等进行装饰。炕边的墙壁上一般会用白纸裱底，在其上贴炕围花或四屏彩画，炕围花多为祥瑞题材的四屏剪纸（图 5.78）或牡丹、荷花、菊花和梅花组成的四季花屏（图 5.79）。剪纸的花屏多用墙围花（图 5.80）来划分。

图 5.78   祥瑞题材的四屏剪纸

图 5.79   四季花屏剪纸 [49]

图 5.80　墙围花

　　炕对面摆放的一桌两椅后的墙上一般用桌围花、诗词楹联及贴画等进行装饰（图 5.81）。

图 5.81　桌围花、诗词楹联及贴画装饰

5.7　家　　具

每个窑的基本配置除了必有的炕，就是一张桌子、两把太师椅（图 5.82）、脸盆架、箱架和箱子，有的富裕人家在吃饭时会用到八仙桌。

图 5.82　一桌两椅

5.7.1　一桌两椅

居住窑内的桌子通常有两种：一种称为满张桌，底部有柜子，花芽装饰一直落地（图 5.83）；另一种称为半张桌，桌子上半截有抽屉，下半部座空，仅由四腿支撑，花芽装饰到桌腿的一半（图 5.84）。椅子一般成对配置，放在桌子的两侧。椅子也有两种：一种是太师椅[50]（图 5.85），是中国传统建筑中保存最多一种椅子；另一种是圈椅（图 5.86）。一般同一个窑室内桌子与椅子的做法和装饰一致。

满张桌的装饰色彩以棕红色系作为底色，重点雕饰和金属配件部位饰以金色。雕饰多集中侧边缘与下边缘处和榫卯交接处，装饰题材以植物花草、蝙蝠等寓意吉祥的图案为主，俗称"花芽"。

图 5.83　满张桌

图 5.84　半张桌

图 5.85　太师椅

图 5.86　圈椅

5.7.2　八仙桌

八仙桌[51]可以容纳八个人坐下吃饭（图 5.87
和图 5.88）。一般来讲，在八仙桌的四面都有木雕
装饰。

图 5.87　八仙桌（一）

图 5.88　八仙桌（二）

5.7.3　条几

条几也称供桌[52]，可分为大条几（图 5.89 和图 5.90）和小条几（图 5.91 和图 5.92）。不同类型的条几的用途也有差别：大条几放在上主窑窑底正中的位置，作为大供桌；小条几一般放在进门的桌子上，作为小供桌。大小条几正面和侧面的木雕都非常精美，题材多以寓意吉祥如意的花草图案为主，且多用金粉作表面涂饰。在经济宽裕的人家，条几的雕工和装饰题材会更为繁复精细（图 5.90）。

图 5.89 大条几（一）

图 5.90 大条几（二）

图 5.91　小条几（一）

图 5.92　小条几（二）

5.7.4　箱架与箱子

　　箱架与箱子一般是为婚嫁所备的家具，所以多附有寓意吉祥如意、美满幸福的雕饰和漆画。有的直接将箱子座在箱柜或箱架之上（图 5.93～图 5.95），也有的箱子和下部箱柜联结在一起（图 5.96）。

　　箱架可分为单层箱架和双层箱架。箱架上部四角的木雕非常精美且所雕物件各不相同。此外，在两个不同木构件衔接处和一些榫卯部位多配有雕饰。

　　箱子是家中存放衣物和贵重物品的主要家具，其正面多绘有漆画，所绘题材多与木风门上的相似。箱盖与下部多用鱼形木件进行开合，寓意年年有余。箱子多配有金属锁扣，在锁扣和箱架雕饰部分多饰以金粉。

图 5.93　箱子与双层箱架

图 5.94　箱子与箱柜　　　　　　　图 5.95　箱子与单层箱架

图 5.96　整体箱柜

5.7.5　脸盆架

脸盆架[53]是地坑窑院家庭中必不可少的家具之一。其装饰部位集中在镶嵌镜面的背板和托架木柱头部分，一般在重点雕饰部位会饰以金粉，装饰题材多由菊、莲、寿桃、石榴、鹿、凤凰、蝙蝠等寓意祥瑞的元素组成。有的镜面边沿上也设有装饰彩画（图 5.97 和图 5.98）。

图 5.97　脸盆架及其装饰

图 5.98　脸盆架

5.7.6　其他家具装饰

　　有的家庭也会配置较为现代的家具，如书桌、衣柜、床等，在其表面也常配有与内门题材非常相似的漆画（图 5.99）。

图 5.99　其他家具漆画装饰

第 6 章
巧妙合理的受力体系

　　地坑窑院民居的建造，大多以当地匠人的经验为依据，以口传心授的方式流传和演进，没有形成系统的理论，也很少见于文字；营造方法是从地面以下的原状土中"掏"出空间，是典型的"减法负荷"结构；地坑窑院完全由挖凿成型的纯原状土拱体系作为自支撑结构（图6.1），没有栋梁支撑，也没有其他支护；窑洞的拱轴线、拱矢、拱跨等结构尺寸没有进行正规设计；窑洞的力学结构性能更是缺乏科学计算。但地坑窑院民居能够居而不衰、屹立百年甚至数百年而不坍塌。在实地调研中，作者发现即使在地震多发区，建造年代达百年以上的地坑窑院也很普遍。这充分说明了地坑窑院存在之合理、构筑之巧妙，那么其中所蕴含的结构和力学奥秘究竟是什么呢？

图 6.1　自支撑的土拱结构体系（根据李乾朗手绘图修改）

6.1　自支撑的结构体系

中国古代对宇宙的原始理解,是从建筑实践活动中衍生出来的。"宇,屋檐也;宙,栋梁也"。当"宇"有"宙"作为"栋梁"时,也就有房屋在大地上屹立的现实存在了。可以说,古人所感知、想象的天地宇宙,其实就是一间"大房子"。人所居的房屋,就是一个小小的"宇宙"。

中国古代建筑的主要传统形式是木架结构。木构栋梁在房屋建筑中具有举足轻重的结构支撑功能。一旦抽去房屋的栋梁("宙"),房屋("宇")就会坍塌。因此,栋梁("宙")成为中国木构建筑支撑屋顶重负的命脉所在,是建筑物得以存在的本质特性。"宇"与"宙"共同揭示了中国古代宇宙观的形成与建筑之间的关系,或者说,中国原始的宇宙观,其实就是中国建筑文化的时空意识。

在中国建筑史上,没有哪一种建筑形态比地坑窑院民居的建筑形态更能悠久地存在于天地之间了。地坑窑院的构成完全由挖凿成型的纯原状土拱体系作为窑居的自支撑结构,没有栋梁支撑,也没有其他支护。支撑地坑窑院的"宇"非石、非木、更非钢铁,而是富有生机的土拱,却能够居而不衰、屹立百年。即使在地震多发区(我国在役窑居大多分布于地震多发地带,45%的窑居区地震烈度在7度以上),建造时间在百年以上的窑居也很普遍。这充分说明了"土拱"存在之合理、构筑之巧妙,蕴含着结构和力学奥秘。豫西地坑窑院民居既是一个人工的"宇宙",又是一个自然的"宇宙";既是物质的"宇宙",又是精神的"宇宙"。

6.1.1　土拱结构体

1．土拱结构体的作用

土拱是地坑窑院居住空间营造的灵魂,构成了地坑窑院窑室空间的逻辑主格。土拱结构体的作用有以下三个。

其一,黄土自身直立节理性好,往往呈现层层叠叠的片状,而窑洞拱的轴线又是曲率不同的曲线,土拱必须合理地解决直和曲的冲突,使黄土材料特性得到最大限度发挥。

其二,土拱维持着地坑窑院的平衡。地坑窑院拱顶有 3～6m 厚的覆土,将产生巨大的自重压力,所营造的建筑空间需要支撑,在重力、土压力和支撑力,以及可能发生的地震、土体滑坡、局部坍塌等各种荷载作用下,土拱在役的百年或数百年间必须维持平衡。

其三,窑洞特殊的围护结构,不同于地面建筑围起来的空间,它是在无限体中"掏"出来的空间,但由于黄土材料的性质、日照、采光、居住要求等方面的约束,"掏"出的空间是有限的。"土拱"必须在"有限"和"无限"之间建立起有效的、良性的循环 [54]。

由此，地坑窑院的居住形式其实是一个绝妙的力学结构体，窑室中没有柱子，拱腿是柱也是墙。土拱是主要的承力体系（图6.2），也是空间造型的核心，贯穿于整个有机体中，成为自依而不它依的独立自由体。拱型曲线从拱脚到拱顶曲线连接过渡平滑、舒展，没有平顶建筑中柱与梁及屋顶之间连接的紧张、局促和压抑之感。

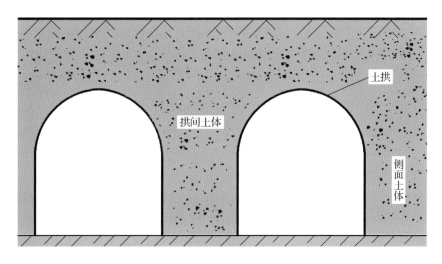

图 6.2　土拱

2．土拱结构体的构成

　　土拱结构体主要包括窑背、窑拱和窑腿（图6.3）。窑背为窑室顶部的覆土载荷（但由于其可以在受力情况下发生转化，也将其作为结构体的一部分），窑拱为支撑窑室结构的拱状土体，而窑腿是拱状土体下部承受土拱带来压力和剪力的土体部分。

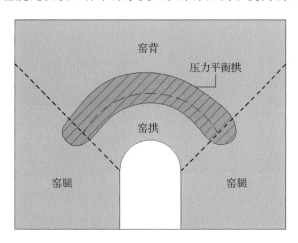

图 6.3　土拱结构体的构成

　　黄土层在未开挖窑室前，可认为土体在重力作用下处于静力平衡状态，在窑室开挖之后，原来的静力平衡条件被破坏，黄土的自然卸荷拱形成，自然拱曲线掏空形成窑室，而自然卸荷拱以上的土体本身构成了压力平衡拱来承受拱顶以上的土体重量。窑背即上部土体，窑拱即卸荷后形成的压力平衡拱[55]。

窑背、窑拱、窑腿没有明显的分界线。窑拱是在力的作用下产生的，在力的变化下为保持稳定的受力状态会发生不同的变化，属于一个动态变化的有机体。因此在受力不同的情况下，各部分区域范围会发生相应的变化：荷载增大时，窑背部分的土体会产生相应的变形，使应力发生改变，从而转化为窑拱部分；荷载减小时，窑拱部分弹性土体变形恢复，又可能转化为作为荷载部分的窑背；而窑腿土体的范围也会随荷载的变化而变化。

窑背是窑居结构中面积最大的一部分，它位于窑居结构的顶部，以连续成片的状态存在（图6.4）。窑背作为原状土体是未受扰动或受扰动较小的部分。因此，窑背土体受力状态与未开挖时土体的受力状态仅存在细小的差别，这些差别在窑拱附近更为明显。窑背的土体在自重的作用下出现压应力及压应变，并随埋深的增加而加大。

窑拱是窑室顶部拱圈以上的成拱形的土体，可以将其理解为在临空面以上，土体受力变形形成一个承载拱，承载拱可以支撑其自重和上部土体的荷载。窑拱是结构体中受力最复杂的部分。

窑室在挖掘过程中，挖掘了窑室内部原有土体，打破原始平衡的受力状态，必然引起窑室周围土体应力的重新分布。窑拱土体下部土体消失，出现了临空面，因而窑拱土体失去了向上的支撑力，有向下运动的趋势，窑拱接近临空面的土体应力水平下降，而窑拱中上部土体承受窑背土体传来的压力，并以一定的路径向四周传递力的作用，同时限制了窑拱土体的位移，最后重新建立一个力的平衡关系。除上部土体的压力外，窑拱还受到窑腿土体产生的支持力（图6.5）。

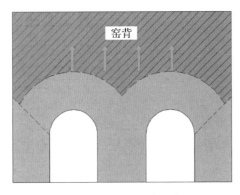

图6.4　窑背土体受力示意图

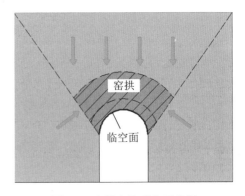

图6.5　窑拱土体受力示意图

微观上，黄土开挖后会产生不规则的破坏面，此时土体将产生不均匀位移。位移的不均匀性，致使土颗粒间产生互相"楔紧"的作用，于是就在一定范围的土层中产生"拱效应"（土拱形成机理及存在）。模拟研究中发现，窑拱土体的等应力水平线形状与窑拱曲线相似。这说明，传统窑居的拱券曲线形式是合理的。

窑腿是位于窑拱拱脚以下的土体部分（图6.6）。在窑室结构体中，窑腿是主要的受力部分；它位于两个窑室之间，与窑拱相连，将上部土体荷载向下部土体传递。在建窑过程中，窑室空间内原本的土体消失，窑腿土体两侧或单侧形成新的临空面，因此临空面垂直方向上的应力释放，使窑腿在这个方向上处于相对自由的状态：存在两个临空面的窑腿，近崖面部分可视为单向受压状态，仅承受竖向的压力，如图 6.6 中的 A 部分；窑腿中部至窑底部分，变形受到窑底后部土壤的限制，处于双向受力的状态。存在单个临空面的窑腿，受到侧面土体的约束，双向或三向受力，如图 6.6 中的 B 部分。

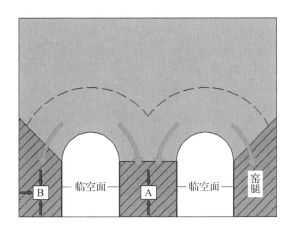

图 6.6　窑腿受力示意图

相关研究表明，窑腿部位的土体应力水平最大，窑腿中部及底部甚至出现了塑性区。土体作为一种弹塑性材料，当土体内部结构不发生破坏时，土体受到力的作用会产生可恢复的弹性变形，作用力消失，变形土体回弹。随着作用力的增大，变形也在逐渐增大，当变形超过土体弹性极限时，土体会产生不可逆的塑性变形，此时称土体出现塑性区。当土体出现塑性区时，若荷载继续增大则可能出现破坏而失去稳定。窑腿塑性区极容易发生破坏，特别是结合风化侵蚀作用，窑腿的破坏将更加严重[56]。

3. 结构体的传力路径

一方面，黄土层受黄土自身的重力作用而被压密，自重应力方向侧向扩展形成侧向挤压，侧向应力的大小与其上覆土重度成正比；另一方面，黄土自更新世形成以来，特别是全新世以来，受到统一的区域主应力的作用，可能加强某个方向的侧向压应力，因为一般情况下的黄土受到两种力的作用而处于压缩状态。

因此，窑室在开挖之前，土体处于三向应力平衡状态，某部分土体的应力与土体的重度及深度成正比，埋深越深的土体应力越大。土体在自重作用下，有向下运动的趋势，因此下层土体承受上层土体在地心引力方向的压力作用。由于窑居影响土体范围较小，土体考虑研究的范围内压力方向为竖直方向。此时土体间力的传递是由上层土体向下层土体传递的，最后由基岩或下卧层持力。土体处于初始状态时称为初始地应力状态（图 6.7）。

当人工开挖窑室以后会在土体中产生新的临空面，黄土中的侧向应力随即释放，因而在其临空面一侧的土体就会随着侧向压应力的释放而向自由空间的方向松动、移动。这对其周围土体来说是一个卸载的过程，这势必引起周围土体应力的重新分布，造成一定程度的应力集中。卸载使某一个方向或两个方向的应力显著减小，土体变为二向应力状态或保持三向应力状态，但其中某一方向的应力明显减小。在这个过程中，土体发生缓慢变形，以适应新的土体结构形式，从而建立新的力平衡。

通过对窑室结构体受力的分析可知，在这个新建立的平衡体系里，窑背土体自重作用力通过窑拱传到窑腿，最后传至院心地面。力的传递形成一个连续的路径（图 6.8）。同时在传统窑居的建造过程中，每开挖一间窑室，都要经过一段时间的晾晒与风干，通过这段时间窑室临空面周边的土体失去水分变得更加坚固，土体强度得到了一定提升，因此相当于加固后的结构体，保证了窑室合理的受力及稳定，这就是传统窑居能保存上百年而不坍塌的一个重要原因。

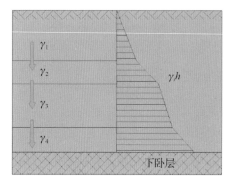

图 6.7　土体初始地应力状态

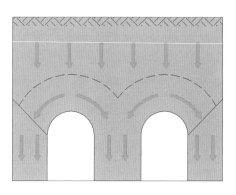

图 6.8　窑室土体传力路径

6.1.2　土拱的作用机理及受力特点

1. 土拱的作用机理

从黄土力学的角度来说，窑洞之所以能够在没有支护的情况下保持稳定，主要是因为黄土的结构。黄土成分中大部分是粗粉粒（0.05 ～ 0.01mm），粗粉粒相互支撑，形成黄土的骨架，许多细小的颗粒附着在大颗粒表面，这种结构形式的黄土黏聚力和内摩擦角都较大，因此窑洞开挖后，在荷载和自重的作用下，洞顶土体发生压缩变形，产生不均匀沉降，土颗粒间错动，产生互相楔紧的作用，并在产生不均匀沉降时，产生土拱作用。这种颗粒间、小范围内的微观土拱作用称为拱效应（图 6.9）[57]。

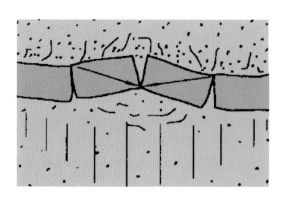

图 6.9　土拱形成机理示意图

当楔紧作用扩展到大的土体集合时，便形成了宏观上的黄土拱整体效应。同时窑室的开挖使窑室上部土体产生新的临空面，窑室顶部的土体有整体滑落的趋势，而靠近两侧的土体受外围土体的作用而支撑正中顶部土体，因而这部分的土体应力应变发生一定的改变，且土体在空间上形成一个拱整体。

运用滑移线网络法可描绘出土拱的轮廓，它形象地勾勒出窑洞拱顶的土拱范围（图 6.10）。图 6.10 中 $O_1O_2O_3O_4O_5$ 所包围的区域就是土拱，土拱的拱顶截面高度为 O_1O_2，这个土拱左右对称，形成了一个有机的整体来承受上部土体的重力荷载，其受力特性与一般拱结构类似——承受弯矩及拱轴线方向的压力，正是由于这个窑顶土拱的存在，窑洞才能在没有外部支护的情况下保持稳定。

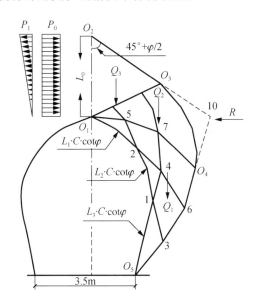

图 6.10　土拱作用机理剖析

2．自然平衡拱

地坑窑院窑顶的土拱承担着土拱上部覆土与土拱自身的重量，土拱不需要外部支护即可处于平衡状态，因而这个自平衡状态下的土拱又可称为自然平衡拱。它是窑顶覆土发生不均匀位移后形成的平衡结构，也是窑顶土体维持稳定状态的充分和必要条件。

自然平衡拱的简化模型如图 6.11 所示，H 为窑洞底部距离地表的距离；H_0 为窑洞的高度；H_1 为平衡拱的拱矢高度；H_2 为拱顶覆土厚度；B 为窑洞的跨度；$2B_1$ 为平衡拱的跨度；θ 为侧壁滑动面与垂线间夹角。

地坑窑院窑顶覆土分为两部分，自然平衡拱以上的土体不参与土拱的受力，仅作为荷载施加在平衡拱上，而平衡拱所在区域的土体作为窑洞顶部的主要受力体，除了承担上部土体的重力荷载外，还承担其自身的重量。

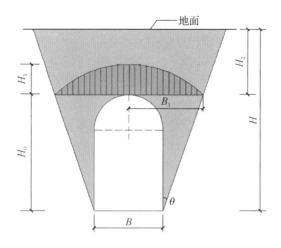

图 6.11　自然平衡拱示意图

3．土拱的受力特点

在研究土拱的受力特性时，首先应了解窑室开挖前后土体中应力的变化规律。

土体在开挖窑室之前，窑室拱顶所在位置的土体，其主应力方向为垂直及水平方向，最大主应力为垂直方向，最小主应力为水平方向；而窑腿底部位置的土体主应力方向也与前者相同（图 6.12）。

当窑室开挖后，土体主应力方向发生了改变，窑室顶部土体的最大主应力和最小主应力方向相较之前旋转 $90°$，窑腿底部土体主应力方向也发生了一定的偏移（图 6.13）。换言之，窑室开挖后，位于窑室拱券曲线拱脚两侧的土体受力最大，数值模拟分析也在拱脚部位发现了塑性区，因此当窑室土拱因土体达到极限状态而发生破坏时，从拱脚塑性区土体开始产生裂缝，土拱整体失去平衡，窑拱顶部主动应力状态区失去约束，发生自由滑落从而造成坍塌，即土拱发生破坏。这与实际调研中窑室局部坍塌破坏的情况是吻合的 [58]。

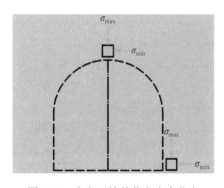

图 6.12　窑室开挖前黄土应力状态

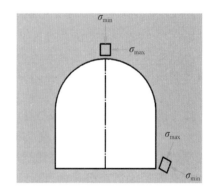

图 6.13　窑室开挖后黄土应力状态

选取覆土厚度、跨度、拱高均为 3m 的生土窑洞的有限元模型进行分析，得到生土窑洞崖面部位的应力矢量变化图（图 6.14）。

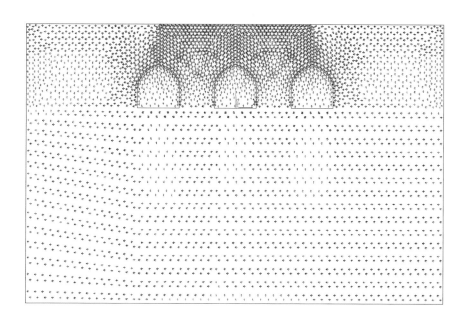

图 6.14　崖面部位的应力矢量变化图

由图 6.14 可知，窑洞覆土层内土体的应力方向发生了明显的偏转，土体的应力方向由拱顶上部向窑腿上部发生偏转，正是由于窑洞拱顶上部存在的自然平衡拱才会出现这种应力偏转的现象，平衡拱的存在改变了土体的应力方向，将上部覆土的重量向窑腿传递。

由于结构对称，中间跨窑洞的应力偏转方向沿拱顶至上地面的连线对称。平衡拱的存在使上部覆土的重量向周围土体中传递，应力发生了偏转。对计算结果进行分析，可以得出：土体的最小主应力 σ_1 的应力状态在 0.75m 深度处发生了变化，但是深度小于 1.75m 时 σ_1 均较小，超过 1.75m 后 σ_1 随深度的增加急剧增大；最大主应力 σ_3 呈现出先缓慢增大后急剧增大最后减小的趋势，在距离地面 1.75m 深度处土体的应力强度呈现明显的增大趋势，而且 1.75 ～ 3m 深度范围的土体应力强度明显大于 1.75m 以内的土体应力强度。

综合上述分析可以得出，距离窑洞拱顶 1.25m 深度处的土体作为窑顶平衡拱将上部覆土的重量传递到窑腿，即此时窑顶平衡拱的高度为 1.25m，而在窑顶的整个覆土层内，深度为 2 ～ 3m 处的土体应力强度明显高于覆土层内其他部位的土体，因此距离窑顶 1m 厚的土体是平衡拱的主要承力部位。

4．土拱的平衡位置改变

由窑洞的受力机理分析可知，局部的坍塌会改变窑洞顶部的平衡拱位置。在正常使用状态下，窑顶形成初始自然平衡拱 L_1，拱顶土体处于自稳定状态（图 6.15）。

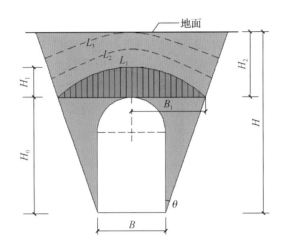

图 6.15　窑顶平衡拱渐变示意图

在长期的自重及外力作用下，拱顶土体发生局部脱落，使形成平衡拱的土层发生破坏，覆土层内平衡拱上移并重新达到平衡状态（图 6.15 中的虚线 L_2），拱顶覆土可以保持稳定状态，随着坍塌的持续进行，平衡拱逐渐上移，最终平衡拱拱顶临近地表（图 6.15 中的虚线 L_3），此时窑顶覆土达到形成平衡拱的最小厚度。由于窑顶土体的剥落是自下而上逐步扩展的，平衡拱在由 L_1 到 L_3 的过程中，覆土层中土体是分层逐级失稳破坏的，窑顶覆土内形成逐渐上移的自然平衡拱，拱顶只发生渐进式的局部塌落破坏。当平衡拱上移到 L_3 时，窑顶覆土厚度较小，土体中无法形成稳定的平衡拱，将会出现坍塌部位以上至地表间土体的整体破坏，形成突发性的地表陷坑。

将窑顶发生整体塌陷的坍塌深度作为临界点，即当窑顶坍塌使窑顶覆土厚度等于自然平衡拱的极限高度时窑顶达到临界坍塌深度。可通过比较实际坍塌深度与临界坍塌深度，确定窑洞坍塌破坏的程度，对发生坍塌破坏的生土窑洞采取具有针对性的修复措施。

6.1.3　拱券曲线对窑居力学性能的影响

1. 常见拱券曲线的类型

在实地调研中发现，窑居的拱券曲线大约有以下七种类型：双心圆拱、三心圆拱、圆弧拱（如半圆拱）、割圆拱、平头拱（如平头三心圆拱）、抛物线拱和落地抛物线拱，如表 6.1 所示。

传统施工工艺在确定拱券曲线形状时所采用的方法可用图 6.16 表述如下：先对 A 点和 B 点进行定位，然后确定线段 AB 的中点 C，在垂直于线段 AB 的方向上向外挖掘 $20 \sim 30\text{cm}$ 确定出 D 点，最后依据 A 点、B 点和 D 点的位置，确定拱顶弧线形状。

除了这个定位方法，部分经验丰富的窑匠能徒手在崖面上绘出拱券曲线，所绘制的拱券曲线也与经验曲线高度吻合。

表 6.1　传统窑居拱券曲线形式

拱券曲线类型	几何形状	矢跨比	窑居拱券曲线照片
双心圆拱		>0.5 高矢拱	
三心圆拱		>0.5 高矢拱	
圆弧拱 （如半圆拱）		>0.5 高矢拱	
割圆拱		<0.5 低矢拱	
平头拱（如平头 三心圆拱）		<0.5 低矢拱	
抛物线拱		矢跨比变化 范围大	

拱券曲线类型	几何形状	矢跨比	窑居拱券曲线照片
落地抛物线拱		>0.5 高矢拱	

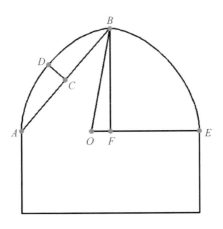

图 6.16　拱券曲线施工定位图

传统窑居的拱券曲线的基本尺寸有跨度、拱矢。

跨度是指传统窑居拱券跨越的最大宽度，传统窑居中的豫西地坑窑院按尺寸大小有"七五"窑、"八五"窑、"九五"窑、"丈五"窑等，其中"七五"窑的含义是窑跨度为七尺、高度为七尺五，以此类推。

拱矢是窑洞拱券曲线的起拱高度，拱矢与跨度之比称为矢跨比，矢跨比可以用来表征不同拱券曲线形式的性质。

割圆拱和平头拱属于低矢拱，矢跨比小于 0.5；双心圆拱、三心圆拱、圆弧拱（如半圆拱）和落地抛物线拱属于高矢拱，矢跨比大于 0.5。抛物线拱的矢跨比变化范围较大。

一般情况下，拱券曲线的类型及其矢跨比取决于窑居建造位置的土质情况，当土质较为坚固时，可采用低矢拱；当土质较为疏松时，则偏向选择高矢拱。调查结果表明，当建造拱顶上方存在料姜石层，且料姜石层厚度在 0.8m 以上时才能采用平头拱和割圆拱。拱券曲线的形式及其尺寸将影响传统黄土窑洞的围岩压力和稳定性[59]。

2. 拱券曲线对窑居力学性能的影响

不同的拱券曲线形式对窑居力学性能的影响是不同的。在研究拱券曲线形状对窑居力学性能的影响时，可以采用比例系数 θ，即矢跨比进行分析。

矢跨比 θ 的计算公式如下：

$$\theta = \frac{d}{l}$$

式中：θ 为窑室拱券曲线矢跨比；d 为窑室拱券曲线矢高（m）；l 为窑室拱券曲线跨度（m）。

当窑室跨度一定时，矢跨比确定，窑室拱券曲线的形式也就确定了。因此，采用矢跨比来表征拱券曲线形状是合理的。

不同的拱券曲线形式对窑室力学性能的影响表现为变形、应力、塑性区、极限跨度。

（1）变形

随着 θ 的增大，窑室拱券曲线的形状由半圆形向尖拱形逐渐转变，主窑拱顶的竖向变形逐渐减少。

（2）应力

窑拱部分土体在各个方向上的应力水平各不相同，通过应力大小可以了解窑室拱券曲线矢跨比对窑拱力学性能的影响（图 6.17）。取出窑拱内一小块土体作为隔离体，x 方向为平行于窑室进深的方向，y 方向为水平方向，z 方向为竖直方向。

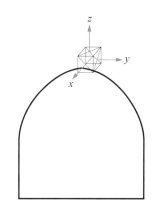

图 6.17 窑拱土体隔离体示意图

x 方向应力：在平行于窑洞进深的 x 方向上，窑洞前立面没有约束，拱顶一直处于较平稳的拉应力状态。相对于 y 方向上的压应力，拱顶拉应力非常小。

y 方向应力：窑拱土体在 y 方向上存在压应力，且 y 向压应力最大。这符合拱结构力学上的特点。在外荷作用下，拱主要产生压力，对于土体材料而言受力更为合理。相对于其他两个方向上的应力，y 方向上的压应力对窑拱形状的变化更为敏感。同时土拱结构在拱脚处会产生水平推力，跨度大时这个推力也相应变大。随着窑拱形状系数的变大，这种 y 方向压应力与拱脚处的水平推力逐渐变大。

z 方向应力：随着窑拱形状由半圆形逐渐转向尖拱形，在竖直 z 方向上，拱顶逐渐由拉应力向压应力转变。

（3）塑性区

窑洞拱顶曲线形式不同，窑洞发生塑性变形的区域大小也不同，圆拱形拱顶曲线和抛物线形拱顶曲线窑洞的塑性区大小相当，而双心圆形拱顶曲线窑洞塑性变形发生区域最大；双心圆形拱顶曲线窑洞的最大等效塑性应变值最大，抛物线形拱顶曲线窑洞的塑性区最小，圆拱形拱顶曲线的塑性区居中。

（4）极限跨度

土拱的极限跨度与黄土材料的黏结力 c、摩擦角 φ、容重 γ、窑顶覆土厚度 H 有直接关系。在 c、φ、γ 一定的条件下，窑顶覆土厚度 H 越大，极限跨度就越大。

综上所述，千百年来人们在传统的营造过程中，"土拱"选择和施工没有经过计算，更不可能设计，它以当地窑匠的经验为依托，大多凭借目估目测，根据土质开挖难易，相机而动，并以口传心授的方式在民间代代流传和演进。地坑窑院的建造以最"自然"的方式解决了一系列复杂的结构受力和变形问题，使其以合理的营造、巧妙的构筑、自然的存在、和谐的居住形式长长久久地镌刻在黄土塬上。

6.2　减负荷营造的受力特点

为了全面探讨地坑窑院民居的结构性能，掌握以"减法法则"成型结构的整体受力变形规律，作者对地坑窑院结构进行非线性有限元分析。

6.2.1　结构分析模型的建立

分析模型以豫西三门峡陕州地区的地坑窑院为原型。在对该地区几百座地坑窑院逐户调研、测量数据的基础上，选择当地最为常见的西兑院进行建模。其各窑室的平面布置如图6.18所示，该窑院共10孔窑。组成窑室的结构尺寸参数主要有窑室的跨度（窑跨）、窑洞口的高度（洞高）、侧墙的高度、拱矢、覆土厚度、窑腿宽度等，如图6.19所示。

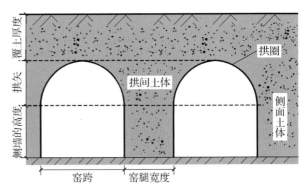

图 6.18　窑院平面布置　　　　　图 6.19　结构尺寸参数示意图

为了方便建模，本章对初始模型进行了适当简化，主要包括以下两点：①近似认为角窑轴线与主窑平行，即忽略角窑的倾斜角度；②根据窑室的平面布置，将地坑窑院近似为一个对称模型，对称轴为通过上主窑、下主窑的轴线。

建模时，部件的划分考虑了以下因素：①部件的形体应尽量规则，便于划分高质量的网格；②考虑开挖过程，将开挖部分建立集合。

在满足以上两个因素的前提下尽量减少部件的数量，减少部件之间绑定约束带来的影响。

经过反复试验、修改，最终得到较为理想的几何模型（图6.20）。其中，根据调研资料，取窑院东西向尺寸为10.4m，南北向尺寸为9.8m，为长方形。

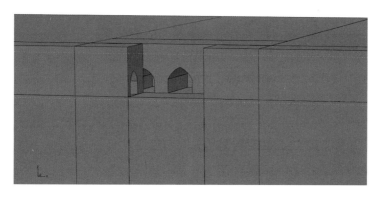

图 6.20 几何模型轴测图

主窑的尺寸要比其他窑室略大，为了计算方便，其他窑室取相同尺寸（表 6.2）；角窑采用半口形式。各窑室的拱曲线按民间营造方法和尺寸确定。模型沿深度方向的总厚度为 36m，沿主窑进深方向的总长度为 63.7m，沿侧窑进深方向的总长度为 103.8m，各方向上模型延伸的尺寸均大于 5 倍以上窑室的尺寸，根据圣维南原理，模型总尺寸选取是足够的。

表 6.2 窑室的几何尺寸   单位：m

窑室类型	窑跨	窑腿宽度	侧墙高度	拱矢高	覆土厚度	窑洞进深
主窑	3.2	1.8	1.7	1.5	2.8	8.0
其他窑	3.0	1.6	1.6	1.4	3.0	8.0
角窑	1.6		1.6	1.4	3.0	7.0

对三维区域，由于线性四面体单元的精度很差，二次四面体单元的计算代价又过大，六面体单元在相同的计算代价下可以得到更高的计算精度。故全部采用规则的六面体单元，同时，在开挖附近区域增加网格密度，进一步提高分析精度（图 6.21）。

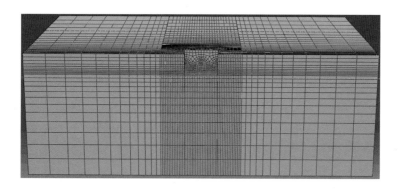

图 6.21 六面体网格

采用 D-P 本构模型，对豫西地区黄土进行土工试验，土体材料性能参数见如表 6.3 所示。

表 6.3   土体材料性能参数

土体密度 $\rho/$（kg/m³）	弹性模量 $E/$MPa	泊松比 μ	黏聚力 $c/$kPa	内摩擦角 $\varphi/$（°）
1610	40	0.25	51.8	26

为尽可能降低边界条件对模型分析结果的影响，边界尽可能远离所涉及的区域，且应尽可能接近真实情况。在模型的底部取固定端，约束三个方向的位移，在左面、右面、后面上分别约束法向位移，在对称面上施加对称约束。

6.2.2　初始应力场确定

地坑窑院民居不同于地面建筑围起来的空间，它是在散状土体中"掏"出来的空间。首先，工程的特点决定了分析手段多为增量分析，在增量分析中，分析域内的应力总是由应力增量加上初始应力得到的，即初始应力从一开始就影响了分析过程；其次，土体材料的刚度和应力状态有关；最后，进行"减法负荷"分析是通过开挖之前的应力计算的，为了计算开挖荷载，必须首先知道初始应力状态。因此，初始应力场的确定是后续分析的基础和条件。

考虑实际情况下，在地坑窑院开挖之前地面上已有人群、车辆等活荷载分布，这些活荷载增加了地面下的初始应力，即增大了窑院及窑洞开挖过程中的卸载作用，对窑洞的开挖造成不利影响，必须在开挖前对其进行准确分析。根据调研情况，取地面活荷载为 $10kN/m^2$。

根据以上讨论，考虑了初始重力场和地面活荷载作用，得到了初始应力场和位移场（图 6.22 和图 6.23）。由图 6.22 和图 6.23 可知，在重力和地面均布荷载作用下应力及位移均呈线性分布，竖向最大位移发生在地表。

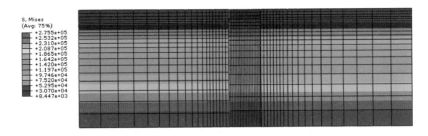

图 6.22　重力和地面荷载作用下的应力场

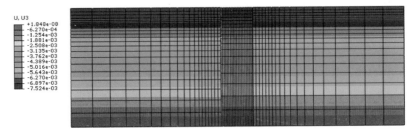

图 6.23　重力和地面荷载作用下的竖向位移

6.2.3 "卸载"过程的模拟分析

地坑窑院民居的成型过程通常是第一步开挖窑院；第二步开挖窑室。不同于有体量的地表建筑，其建造过程是加载过程。地坑窑院的建造模式以"减法"营造空间，建造过程是卸载过程，即"减法负荷"或"反向负荷"。利用有限元分析的单元生死功能，自动计算移除单元与余下单元交界面上的节点力，这些节点力在移除过程中逐渐减少为零，以此来模拟开挖卸载的影响。

1. 窑院开挖卸载的模拟分析

窑院的开挖将引起院坑周围土体应力的重新分布、坑底的回弹及四壁向中心的位移。窑院开挖卸载后的应力场如图 6.24 所示。由图 6.24 可以看出，窑院开挖后坑底表面应力卸载为零，随着距坑底表面深度的增加，开挖卸载的影响逐渐减弱，至一定深度后卸载的影响可以忽略不计；开挖卸载的影响在水平方向上的范围要小得多。这也说明了模型尺寸的选取是足够的。

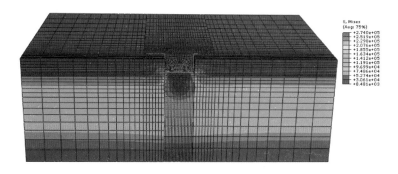

图 6.24 窑院开挖卸载后的应力场（单位：Pa）

窑院开挖卸载后的竖向位移场如图 6.25 所示。从图 6.25 中可以看出，窑院开挖卸载引起了显著的坑底回弹及四壁向中心的位移，在坑底附近区域位移由负值（竖直向下）变为正值（竖直向上），随着距坑底表面深度的增加，位移的回弹值迅速减小，至一定深度后可以忽略不计。与应力影响规律相同，窑院开挖卸载对位移的影响在水平方向上的范围要小得多，大约在 20m。

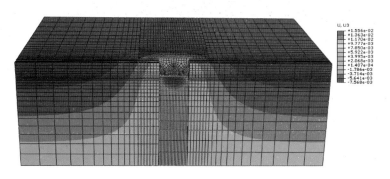

图 6.25 窑院开挖卸载后的竖向位移场（单位：m）

窑院开挖卸载后的水平位移场如图6.26所示。窑院开挖卸载引起的水平位移在地表和地下的图形整体上呈一只对称蝴蝶形，左、右位移方向相反。沿深度方向有两个位移峰值，这是由于随深度的增加水平卸载作用逐渐增大及在窑院角落处应力集中。

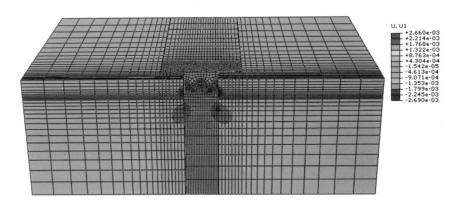

图6.26　窑院开挖卸载后的水平位移场（单位：m）

随着深度的增加，水平位移的第一个峰值出现在距地表4.24m处；第二个峰值出现在距地表8.13m处（距坑底2.13m处）。地面附近水平卸载的影响几乎为零，在不均匀竖向沉降及地面荷载的作用下，在地表处有少量的反方向位移。

水平位移沿水平方向的分布规律为，在地表处背离院心方向的位移较小，在距崖面8m左右有一个小的峰值，之后逐渐趋于零。在峰值处随着距崖面距离的增加，位移值迅速减小，在距崖面10m附近接近为零，之后出现很小的反方向位移（小于2mm）并逐渐趋于零。

2．洞室开挖卸载的模拟分析

洞室开挖后的应力场如图6.27所示。从图6.27中可以看出，洞室的开挖在洞室周围引起了显著的应力重新分布，洞室周围应力减小，特别是主窑顶部正中位置由于两侧窑腿的支撑出现了相对低应力区，而窑腿部位产生了较大的应力集中现象，如图6.28所示。由图6.28可知，在窑腿靠近崖面的局域出现了塑性区。

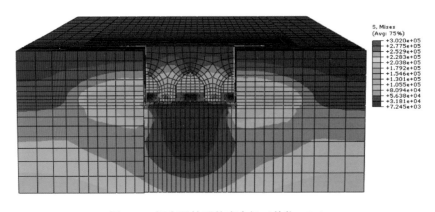

图6.27　洞室开挖后的应力场（单位：Pa）

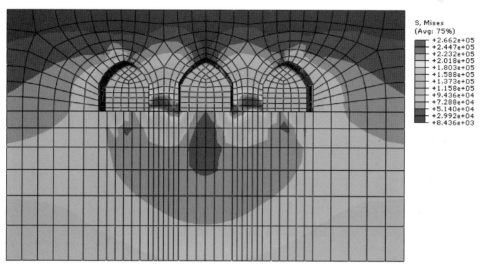

图 6.28 主窑应力重新分布（单位：Pa）

洞室开挖卸载后的位移矢量图如图 6.29 所示。洞室的开挖卸载，相当于在洞室周围施加指向洞室中心的外围拉力，使洞室下部产生了明显的竖直向上的位移分量，洞室顶部产生了竖直向下的位移分量，洞周边收敛明显。由图 6.29 还可以看出，由于相邻窑洞之间的相互影响，三孔窑洞的卸载具有整体作用，在主窑上方由于两侧窑洞的影响，水平位移较小，而在两侧窑的上方及外侧有明显的指向窑洞中心的位移。

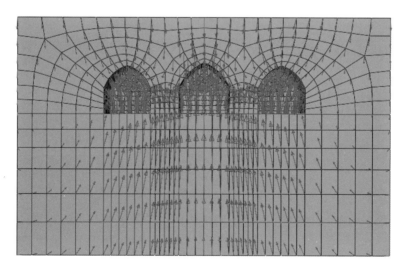

图 6.29 洞室开挖卸载后的位移矢量图

洞室开挖后的竖向位移场如图 6.30 所示。与窑院开挖后的竖向位移相比，洞室开挖后在洞室顶部产生了显著的附加沉降，特别是主窑顶部，由于主窑跨度较大，且受两侧窑室的影响，附加沉降非常明显。

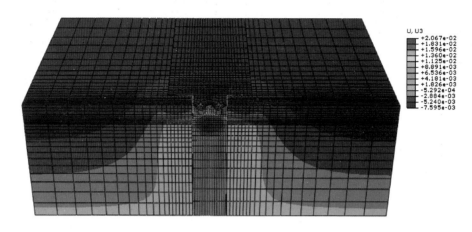

图 6.30　洞室开挖后的竖向位移场（单位：m）

从图 6.31 可以看出，洞室开挖引起的附加沉降最大值发生在主窑中心上方，随着距主窑中心水平距离的增大，附加沉降值迅速减小，在距主窑中心 10m 处附加沉降值为零，之后出现较小的反方向位移，最后逐渐趋近于零。从图 6.32 可以看出，洞室开挖引起的附加沉降最大值发生在崖面位置，随着距崖面距离的增大，附加沉降值迅速减小，这说明附加沉降对窑洞进深的变化并不敏感。

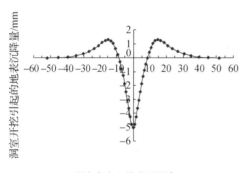

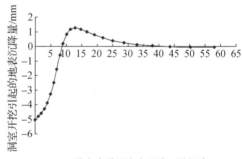

图 6.31　沿水平方向竖向位移分布　　　　图 6.32　沿窑洞进深竖向位移分布

分析结果还表明，洞室开挖引起的附加沉降随着深度的增加而逐渐增大，最大值在窑洞拱尖位置。

综上可以得出：洞室开挖引起的附加沉降最大值发生在主窑拱尖处。

洞室开挖后的水平位移场如图 6.33 所示。从图 6.33 可以看出，水平位移最大值发生在侧窑窑腿部位，左右对称。水平位移较大的区域沿进深方向分布较浅，这说明水平位移对窑洞进深的变化也不敏感。

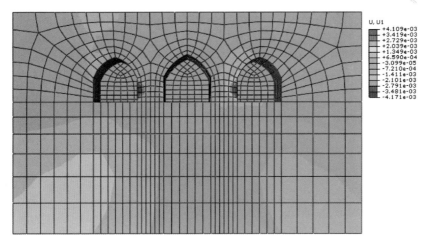

图 6.33　洞室开挖后的水平位移场（单位：m）

6.2.4　减负荷营造的安全性评价

地坑窑院民居的"减负荷"建造过程是一个卸载过程。对散状土体来说，卸载往往比加载更为不利。当进行窑院及窑室的开挖时，卸载必将导致被扰动土体初始应力的重新分布。以洞室开挖为例，洞室周边原来处于三向应力的土体在开挖之后可能处于二向应力状态或其中一向应力被卸载。开挖前处于相对平衡的原始的三向应力状态，受力均匀；卸载之后，原始平衡被打破，受力不均匀，可能导致破坏失稳。

考虑到黄土塬上生土材料的非线性及地坑窑院民居所受荷载的复杂多变性，本章采用非线性有限元分析程序对地坑窑院结构进行整体建模，并根据实际开挖成型过程进行分步分析，得到了地坑窑院在初始重力荷载、地面荷载的初始应力场，各级开挖卸载下的应力、位移及塑性区情况，全面分析了解地坑窑院结构的力学性能，并得到如下结论：

1）初始地应力场的分析及平衡非常重要，这是后续分析中计算卸载作用的基础。有限元分析程序提供了简单而实用的初始应力场的分析及平衡方法，计算精度可以满足工程需要。

2）根据实际情况，考虑了重力荷载和与实际相符合的地面均布活荷载，得到初始应力场的基本荷载，分析结果表明，初始应力场的基础荷载增大了初始应力场的应力，增大了开挖的卸载作用。

3）窑院的开挖卸载在坑底引起了显著的应力卸载及回弹位移，且影响深度较大，而在水平方向的影响范围较小；窑院开挖卸载引起的水平位移沿深度出现两个峰值，且在地表有少量反方向位移。

4）洞室的开挖卸载在洞室周围引起了显著的应力重新分布，窑腿部位出现较大的应力集中现象，主窑顶部产生了较大的应力卸载。这说明窑腿和拱顶是主要的承力部位。窑洞周边附近区域出现明显的收敛位移；由于洞室间的相互影响，在侧窑的两侧水平位移明显，侧窑间的区域水平位移不明显。

5）在地面荷载及院心开挖卸载作用下，没有出现塑性区；洞室开挖后，窑腿部位处于双向卸载状态，使该部位偏应力增加，窑腿部位出现了塑性区；塑性区沿进深方向延伸范围较浅。

6）窑腿应力集中区域及塑性区沿进深延伸较浅，说明窑洞进深对地坑窑院结构整体力学性能影响有限。最危险的断面发生在崖面上。

6.3　料姜石的作用

料姜石，别名礓礰、蛎石，又称为钙质结核，因其形状颇似食用的生姜而得名，广泛赋存于黄河中游地区的黄土层中。料姜石大小不一，其粒径最小仅 1cm，最大可达 40cm，但以 1～10cm 最为常见。料姜石一般分布在古土壤中。在漫长的黄土堆积过程，黄土由于冷暖气候的变化，改变了性质，发育形成料姜石，并以埋藏的形式出现。这种古土壤在黄土剖面中，有自己完整的发育剖面，聚集了大量料姜石并胶结成大小不等、形态多样的钙质结核层，即俗称的"料姜石层"[60]。

然而，迄今为止，人们对料姜石层的作用仅具有浅显的定性认识，为了量化分析料姜石层的存在对生土窑洞结构性能的影响，作者开展了深入的研究。

6.3.1　料姜石对黄土材料性能的影响

料姜石主要矿物成分是方解石、黏土质矿物，以及少量石英、长石、云母等细砂。料姜石硬度与胶结固化程度有关，通常为 1～2.5 度，介于滑石和方解石之间。它是更新世以来温湿与冷干气候频繁交替演化的直接产物，是在黄土物质沉积的同时或沉积后的成土和后生作用过程中不断形成的[61]。

为了探索料姜石对豫西黄土材料的物理力学性能的影响，作者开展了试验研究。首先，通过天然含水率试验、界限含水率试验及击实试验得到相应物理参数；其次，对当地取得的料姜石黄土进行料姜石检测试验得到料姜石含量与粒径，根据豫西黄土的含水率、料姜石含量与粒径制作不同粒径及不同含量的黄土试件；最后，通过对黄土试件进行无侧限抗压强度试验、弹性模量试验、三轴剪切试验，得到不同粒径及不同含量下的力学参数，在此基础上量化不同粒径及不同含量下料姜石对豫西黄土材料性能的影响[62]。

1. 物理性质试验

（1）天然含水率试验

天然含水率是土的基本物理性质之一，反映了土的状态，其改变会使土的物理性质发生相应的改变。在稠度方面，其变化使土体呈现固态、塑态、液态等状态；在饱和方面，其变化使土体呈现微湿、潮湿、饱和等状态；在力学性能方面，其变化使土体强度增加或减少、使土体结构紧密或疏松，导致土体发生压缩性和稳定性的变化。含水率是计算土的干密度、液塑性、孔隙比等的重要依据。因此，土的含水率测定是研究土物理力学性能必不可少的环节。

本节采用 3 组平行试验得出豫西黄土天然含水率数据，将试验求得的含水率取算术平均数，得到黄土天然含水率为 13.45%。

（2）界限含水率

黏性土由于其含水率不同，分别处于流动状态、可塑状态、半固体状态和固体状态，而土的界限含水率就是为了确定黏性土各状态相互转化时的分界含水率。土由半固态转到可塑状态的界限含水率称为塑限 W_p，由可塑状态到流动状态的界限含水率称为液限 W_L。液限、塑限、塑性指数在土力学中是评价黏性土的主要指标，而塑性指数是基本的、重要的物理指标之一，它综合地反映了土的物质组成，可用于土的分类和评价。塑性指数越大，表明土的颗粒越细，比表面积越大，黏粒含量越高，土处在可塑状态的含水率变化范围就越大。

试验的目的是确定黄土的液限含水率和塑限含水率，进而计算黄土的塑性指数 I_p，用以划分黄土的工程类别和确定土的状态。按照《土工试验方法标准》（GB/T 50123—1999），采用液限、塑限联合测定法得到豫西黄土的塑性指数为 17.21，为粉质黏土。

（3）击实试验

试验目的是探究土的含水率和干密度之间的关系，从而确定土的最大干密度和最优含水率。土的压实程度受含水率、压实功能和压实方法影响，压实功能和压实方法不变时，土的干密度先随着含水率的增加而增加，但当干密度达到某一最大值后，含水率的增加反而使干密度减小。能使土达到最大干密度的含水率，称为最优含水率 ω_{op}，其相应的干密度称为最大干密度 ρ_{dmax}。

对配置的不同预估含水率的土样进行击实试验，得到各预估含水率对应的土样干密度和含水率，据此绘制干密度与含水率的关系曲线（图 6.34），以干密度为纵坐标，以含水率为横坐标，则曲线峰值的纵坐标表示土的最大干密度，相应的横坐标表示最优含水率。由图 6.34 可知，土的最大干密度 $\rho_{dmax}=1.79g/cm^3$，最优含水率 $\omega_{op}=19.79\%$。

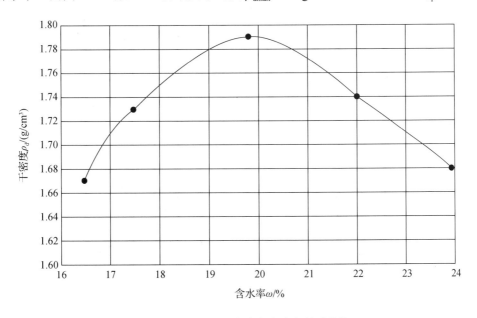

图 6.34　豫西黄土干密度与含水率关系曲线

（4）料姜石检测试验

料姜石质地坚硬，豫西黄土黏粒含量较高，二者可以结合在一起共同作用。人们普遍认为料姜石可以提高黄土的力学性能，其含量和粒径对黄土的力学性质的影响很大。而豫西黄土中料姜石含量与粒径均是未知数，本章故从黄土中检测出料姜石的含量及粒径是非常有必要的。

经过对当地取得的料姜石黄土进行料姜石含量检测及粒径级配分析，得知土中料姜石的含量为 10% ～ 50%，其粒径多为 0 ～ 10mm，因此本次试验取在黄土中含量 10% ～ 50%、粒径范围为 0 ～ 10mm 的料姜石作为研究对象。表 6.4 为其中一组料姜石含量为 14.5% 的黄土颗粒级配分析。

表 6.4　料姜石含量为 14.5% 的黄土颗粒级配分析

粒径	0.25 ～ 0.5mm	0.5 ～ 1mm	1 ～ 2mm	2 ～ 5mm	5 ～ 10mm	>10mm
含量 /%	0.3	0.4	0.5	6.5	5.5	1.3

2．力学性能试验

试验目的是探讨不同粒径及含量的料姜石对黄土力学性能的影响。根据《土工试验方法标准》的操作规程，制备圆柱形黄土试件，试件尺寸分为两种：一种为小试件，尺寸为 39.1mm（直径）×80mm（高度），用于无侧限抗压强度试验和三轴剪切试验；另一种为大试件，尺寸为 61.8mm×125mm，用于弹性模量试验（图 6.35）。表 6.5 为料姜石黄土试件制备方案。

图 6.35　成型的试件

表 6.5　料姜石试件制备方案

料姜石试验（4×5=20 组）				
A10	A20	A30	A40	A50
B10	B20	B30	B40	B50
C10	C20	C30	C40	C50
D10	D20	D30	D40	D50

土样	(表格上部)
每组数量	12 小 +4 大（16 个）

试验	无侧限抗压强度（小）	三轴压缩试验（小）	弹性模量试验（大）
每组个数	6	6	4

注：A 代表料姜石粒径为 2 ～ 5mm 与 5 ～ 10mm 的混合粒径；B 代表料姜石粒径为 2 ～ 5mm；C 代表料姜石粒径为 5 ～ 10mm；D 代表料姜石粒径为 0 ～ 2mm。

（1）无侧限抗压强度试验

无侧限抗压强度是指料姜石黄土试件在无侧向压力的情况下抵抗轴向压力的极限强度，它是最基本的力学性能指标。无侧限抗压强度属于三轴压缩试验的一种特殊情况，即侧向压力为 0 的情况，属于理论试验值。本次无侧限抗压强度试验采用的仪器为应变控制式无侧限压缩仪，量程为 0 ～ 3kN。

取各黄土试样的应力-应变曲线峰值作为试样的无侧限抗压强度值，得到不同含量、不同粒径料姜石黄土试样的无侧限抗压强度（图 6.36）。

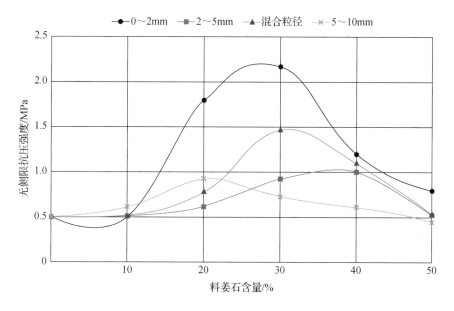

图 6.36　不同粒径下料姜石含量与土体无侧限抗压强度关系

相较于其他粒径的曲线来说，粒径为 0 ～ 2mm 的曲线随料姜石含量变化的幅度变化最大，混合粒径曲线幅度变化相对次之，说明料姜石含量对粒径为 0 ～ 2mm 和混合粒径的黄土试件的无侧限抗压强度影响较大。

　　表 6.6 为不同粒径下料姜石最优含量及对应的无侧限抗压强度最大值。料姜石的粒径和含量共同影响着黄土试样无侧限抗压强度。粒径较大时，较少的料姜石可以使试件达到土体无侧限抗压强度最大值；粒径较小时，较多的料姜石可以使试件达到土体无侧限抗压强度最大值。其原因是粒径越大，料姜石难以被黄土包裹导致试件的空隙率增大，试件难以密实，此时则需要更多的黄土来填充空隙，进而提高土体强度；粒径小，料姜石更容易被黄土包裹，需要更多的料姜石与黄土形成骨架共同作用，从而提高土体的强度。

表 6.6　不同粒径下料姜石最优含量及抗压强度最大值

粒径	最优含量 /%	土体无侧限抗压强度 最大值 /MPa	增强倍数
0～2mm	30	2.16	4.4
2～5mm	40	1	1
混合粒径	30	1.46	1.92
5～10mm	20	0.93	0.86

　　（2）弹性模量试验

　　土体的弹性模量 E 是土体在无侧限条件下土体所受的应力与该应力条件下产生的弹性应变之比。弹性模量采用弹塑性本构模型计算土体应力应变时所必需的土的力学性质指标。

　　弹性模量试验采用应变控制无侧限抗压仪，量程为 0～10kN。控制加载速率为1.0mm/min，加载至应力约为土样无侧限抗压强度的 30%，保持恒载 60s，以与加载速率相同的速度卸载，加载与卸载过程循环 4 次，之后以同样的速率加载至破坏，得到不同粒径下料姜石黄土试件弹性模量与料姜石含量的关系（图 6.37）。

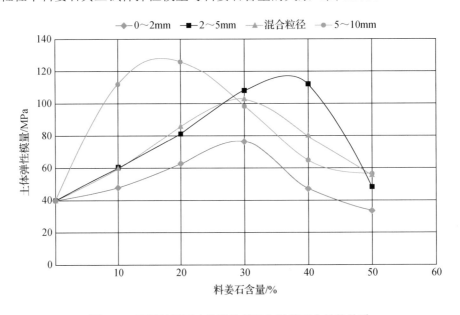

图 6.37　不同粒径下土体弹性模量与料姜石含量的关系

由图 6.38 可知，弹性模量反映的是土体抵抗变形的能力。黄土与料姜石可以有效地结合形成骨架，显著提高黄土的抗变形能力。在同一粒径下，黄土试件弹性模量随料姜石含量的增加总体呈现先增大后减小的趋势。这一结论与黄土试件的无侧限抗压强度相似。相对来说，当料姜石粒径较大时，形成骨架需要的最优含量较小；当料姜石粒径较小时，形成骨架需要的最优含量较大。

　　（3）三轴剪切试验

　　土的三轴剪切试验又称三轴压缩试验，是用来测定试样在某一固定围压下抵抗剪切破坏的极限强度，即土的抗剪强度。试验的目的有两个：一是研究不同含量及不同粒径的料姜石对黄土抗剪强度的影响；二是得出土体的参数黏聚力 c 和内摩擦角 φ。

　　通过三轴剪切试验，应用摩尔圆做出抗剪强度包络线，得到不同含量及不同粒径料姜石黄土试件的抗剪强度指标黏聚力 c 和内摩擦角 φ，做出 c 和 φ 与料姜石含量及粒径的关系图（图 6.38、图 6.39）。

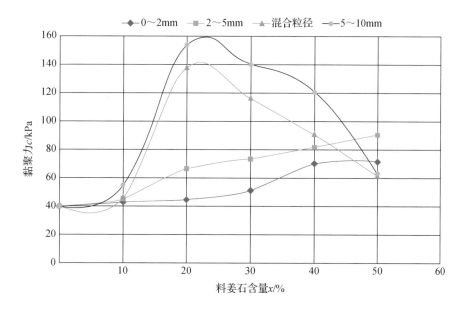

图 6.38　料姜石含量及粒径对黏聚力 c 的影响

　　由图 6.38 可知，当料姜石粒径为 $0 \sim 2\text{mm}$，料姜石含量为 $0 \sim 30\%$ 时，料姜石对黏聚力的影响很小；含量在 $30\% \sim 50\%$ 时，料姜石对黏聚力 c 的影响明显增大，说明此时料姜石才开始起到骨架的作用。当料姜石粒径为 $2 \sim 5\text{mm}$，含量为 $0 \sim 10\%$ 时，料姜石对黏聚力的影响几乎可以忽略不计；含量为 $10\% \sim 50\%$ 时，料姜石对黏聚力 c 的影响随着含量的增大呈线性增加。说明料姜石粒径越小，黄土越容易包裹料姜石，且料姜石强度较黄土的强度高，料姜石和黄土之间可以共同协作，因此黏聚力 c 随着料姜石含量的增加呈现递增的趋势。

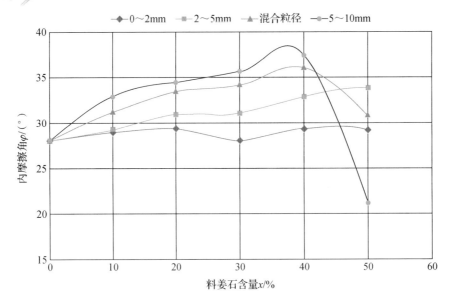

图 6.39　料姜石含量及粒径对内摩擦角 φ 的影响

　　由图 6.39 可知，当料姜石粒径为 0 ~ 2mm 时，由于料姜石粒径较小，随着料姜石含量变化，内摩擦角的变化不大，说明粒径较小时，料姜石含量对内摩擦角无影响；当料姜石粒径为 2 ~ 5mm，料姜石粒径变大，可以与黄土形成较大的咬合力。随着料姜石含量的增大，土体发生剪切变形时需要克服的咬合力增大，因此内摩擦角随着料姜石含量的增大而增大。

　　为了探究不同粒径下的黄土抗剪强度与料姜石含量的关系，引入一个法向应力 σ_0（$0 \leqslant \sigma_0 \leqslant 400\text{kPa}$），做出不同粒径下料姜石黄土在不同法向应力状态的抗剪强度随含量变化的三维曲面 τ-σ-x 图（图 6.40 ~ 图 6.43）。

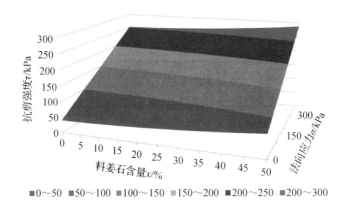

图 6.40　粒径为 0 ~ 2mm τ-σ-x 曲面图

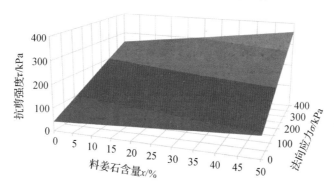

图 6.41　粒径为 2 ~ 5mm τ-σ-x 曲面图

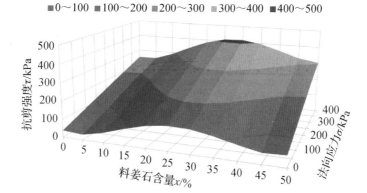

图 6.42　混合粒径下 τ-σ-x 曲面图

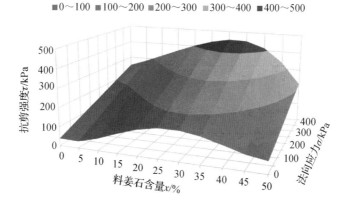

图 6.43　粒径为 5 ~ 10mm τ-σ-x 曲面图

取 σ = 400kPa，做出在此状态下黄土抗剪强度与料姜石含量及粒径的关系图（图 6.44）。由图 6.44 分析可知，料姜石对黄土的抗剪强度有显著的影响。

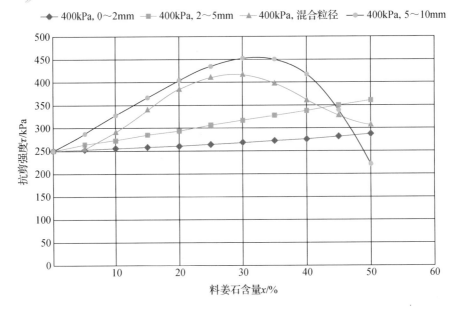

图 6.44　黄土抗剪强度与料姜石含量及粒径的关系图

当料姜石粒径较小（粒径<5mm）时，黄土抗剪强度随着料姜石含量的增加线性增长，料姜石最佳含量为50%；当料姜石粒径较大时（粒径>5mm），黄土抗剪强度随着料姜石含量的增大呈现先增大后减小的趋势，其最佳含量为30%。这说明抗剪强度受到粒径的限制。

6.3.2　料姜石层对黄土窑洞结构性能的影响

料姜石层在地坑窑院民居中扮演了极其重要的角色，它的存在可以提高黄土层的强度。当地居民对窑洞进行选址时，会选择在料姜石层下面。在这里开挖窑洞，相当于在窑洞上面增加了一道过梁，从而可以采取增大窑室的跨度、增加窑腿的高度、将拱曲线改为平头拱、加大窑洞几何断面形状等措施，达到扩大窑洞可利用空间，为居民生活提供便利的目的。

为了量化分析料姜石层对生土窑洞受力性能的影响，作者选取2孔窑洞为研究对象建立数值分析模型（图6.45）。结合实际调研情况对计算模型做了如下基本假定：计算模型为弹塑性，模型中的土为均质且各向同性。模型的几何参数来自上千孔实地调研数据的样本分析数据，材料参数取值于试验结果。

1.料姜石层位于拱顶时对窑洞结构性能的影响

设窑洞拱顶料姜石层底边位于窑洞拱尖0.1m处（图6.46），因为模型是对称的，所以选择其中一孔窑洞进行分析即可。考虑无料姜石层和料姜石层在0.15m、0.3m、0.45m、0.6m厚的5种情况，分析其受力变形规律。

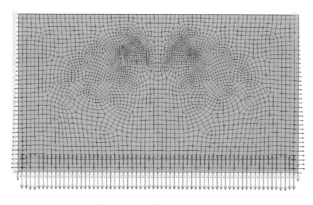

图 6.45　网格划分示意图

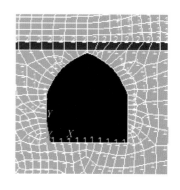

图 6.46　料姜石层位于窑顶示意图

（1）位移场分析

从不同厚度料姜石层窑洞土体水平位移云图得出（图 6.47～图 6.51），窑洞土体最大水平位移会随着料姜石层厚度的增加而转移，当拱顶有 0.45m 厚的料姜石层时，窑洞土体最大水平位移由左边窑腿中间转至右边窑腿中间；当拱顶有 0.6m 厚的料姜石层时，窑洞土体最大水平位移从右边窑腿中间转移至窑洞底部。

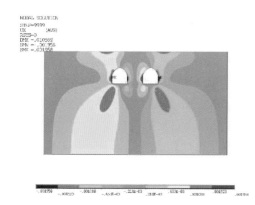

图 6.47　无料姜石层窑洞水平位移

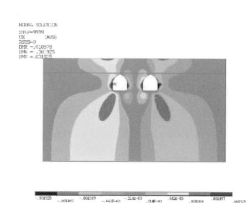

图 6.48　料姜石层 0.15m 时窑洞水平位移

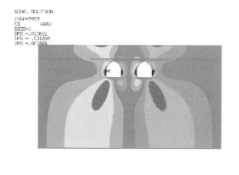

图 6.49　料姜石层 0.3m 时窑洞水平位移

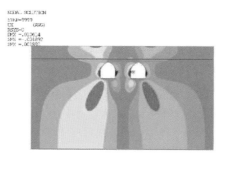

图 6.50　料姜石层 0.45m 时窑洞水平位移

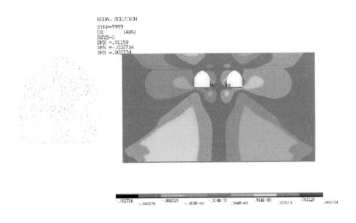

图 6.51　料姜石层 0.6m 时窑洞水平位移

从不同部位关键曲线上关键节点的水平位移和竖向位移随料姜石层厚度增大变化曲线可知，当料姜石层厚度适量时，可以减小窑洞开挖引起的窑拱土体水平位移，在此范围内窑洞窑拱土体竖向位移也随料姜石层厚度的增大而减小，窑腿和窑底土体竖向位移几乎不变。

（2）应力场分析

对水平应力、竖向应力和主应力分析的结果表明，料姜石层的存在改变了料姜石窑洞周围土体的应力分布。

水平应力：提取窑洞土体关键节点水平应力随拱顶料姜石层厚度变化值并绘成曲线（图 6.52），从图 6.52 中可以看出：当料姜石层为 0.3m 厚时，所选取的 5 个窑洞关键部位的水平应力与无料姜石层窑洞几乎一致。当料姜石层为 0.6m 厚时，窑洞关键部位的水平应力均有大幅度减小。当无料姜石层时，拱顶和窑腿底部出现应力集中区。当有 0.15m 厚的料姜石层时，料姜石层所在的土层承担了较大的水平应力，使窑洞土体上部的应力集中区域转向窑拱中间区域；当有 0.3m 厚的料姜石层时，窑拱中间应力集中区域达到最大；当有 0.6m 厚的料姜石层时，窑拱应力集中区消失。

竖向应力：随着料姜石层厚度的增大，窑洞左右窑拱土体竖向应力减小；料姜石层对窑腿部位的影响主要集中在窑腿底部，其厚度的增加对左边窑腿的影响较小，但对右边窑腿下部 1/4 区域的影响较大，且随着料姜石层厚度的增大而减小。当料姜石层厚度增加至 0.6m 时，料姜石层对两侧窑腿底部竖向应力的影响最大。料姜石层对底部竖向应力的影响不大。

主应力：窑洞两边窑拱、窑腿最大主应力受料姜石层的影响较大，窑底土体最大主应力受料姜石层的影响较小。拱顶有 0.15m、0.3m、0.45m、0.6m 厚的料姜石层时，窑拱土体最大主应力 σ_3 相较于拱顶无料姜石层时分别减小了 0.87%、6.55%、9.76%、15.61%。

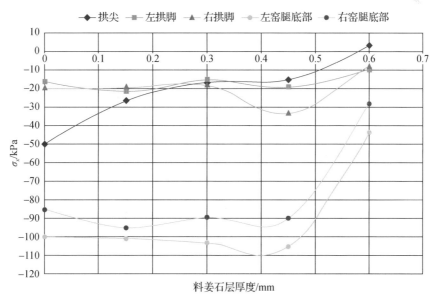

图 6.52　窑洞关键部位水平应力随拱顶料姜石层厚度变化曲线图

2. 料姜石层位于拱脚、拱腿时对窑洞结构性能的影响

（1）位移场分析

将不同厚度的料姜石层设置在窑洞拱脚（图 6.53）、拱腿（图 6.54），进行位移计算和分析，分析结果表明：适量厚度的料姜石层均可改善窑洞结构性能（表 6.7）。料姜石层对土体的影响是有范围的，在所在范围内，对窑洞土体位移的影响较大；在所在范围外，对窑洞土体位移的影响较小。

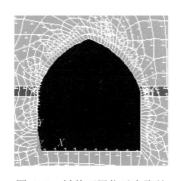

图 6.53　料姜石层位于窑脚处

图 6.54　料姜石层位于窑腿处

表 6.7　窑洞土体位移随着不同部位不同厚度料姜石层的位移变化情况

项目	拱脚料姜石层厚度		窑腿料姜石层厚度	
	水平位移	竖向位移	水平位移	竖向位移
窑拱土体	下部分影响较大	随厚度的增大而减小	左拱土体有影响，右拱没有	随厚度的增大而减小

项目	拱脚料姜石层厚度		窑腿料姜石层厚度	
	水平位移	竖向位移	水平位移	竖向位移
窑腿土体	上部分影响大	随厚度的增大而减小	随厚度的增大而减小	随厚度的增大而减小
窑底土体	无影响	无影响	影响较小	影响较小

（2）应力场分析

当拱脚和窑腿处有不同厚度的料姜石层时，窑拱和窑腿土体主应力 σ_1 相对于无料姜石层有增有减，说明料姜石层的存在改变了窑洞窑拱、窑腿的应力分布状态。适量厚度的料姜石层可以提高窑洞的结构受力水平，改善窑洞的受力状态，提升窑洞结构的安全性。

当拱脚处有不同厚度的料姜石层时，窑拱主应力 σ_1 受拱脚料姜石层的影响较大，而主应力 σ_3 在料姜石层区域外受拱脚料姜石层的影响而减小，但减小幅度较小；窑腿主应力 σ_1、主应力 σ_3 在料姜石层区域和窑腿底部受拱脚料姜石层的影响较大；窑底靠近两边窑腿处受拱脚料姜石层一些影响，中间部分几乎无影响。

当窑腿处有不同厚度的料姜石层时，窑洞两边窑拱最大主应力 σ_1 受窑腿料姜石层的影响较大，而最小主应力 σ_3 随着拱脚料姜石层的出现而减小，但减小的幅度较小；窑腿最大主应力 σ_1、最小主应力 σ_3 受窑腿料姜石层的影响较大，沿窑腿从顶部到底部其主应力值较窑腿处无料姜石层的应力值有增有减；窑底除两边窑腿处附近受窑腿料姜石层的影响较小。

6.4　降雨入渗对黄土窑洞的影响

黄土窑洞的结构体系是自支撑的纯土拱体系，土一旦遇水就会丧失强度，土拱会很快失效[63,64]。毫无疑问，降雨入渗是黄土窑洞致命的灾害诱发因素之一。而窑居区百年未衰的地坑窑院民居何以留存至今？带着这样的疑惑，作者探讨了降雨入渗对黄土窑洞结构性能的影响。

降雨入渗是一个复杂的过程，无论是理论分析还是数值模拟计算，均有其假定的前提，因而无法反映出降雨在土体中的真实入渗情况，其适用性受到限定。特别对于由纯原状土拱作为自支撑体系的生土窑洞而言，降雨入渗对受力土拱的结构性能和破坏机理没有进行过系统的研究。

为了量化分析降雨入渗对黄土窑洞结构性能的影响，作者采用数值模拟方法对覆土厚度为 3m 的生土窑洞在降雨入渗 0m、1m、2m 和 3m 时的有限元模型进行自重条件下的静力分析（图 6.55 和图 6.56），获得结构的位移变形、受力特点，并根据计算结果探讨降雨入渗下生土窑居结构的薄弱部位及灾害的形成条件[65]。

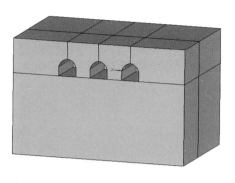

图 6.55 模型示意图

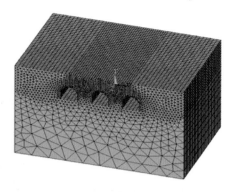

图 6.56 网格划分示意图

6.4.1 位移变形分析

1. 位移极值分析

模型计算完成后，对计算所得位移云图及位移极值进行分析，发现对于所有模型，窑洞的竖向（y 向）位移数值最大，改变也最为明显，故采用 y 方向的位移变化情况，综合分析降雨入渗对生土窑洞的影响。

在 y 方向上，土体位移由上至下逐渐减小，由于窑洞的存在，土体的变形大小并非按层次分布，而是呈现出一定的下凸现象，土体自顶部一直延伸至窑洞顶部位移变形最大，且窑洞顶部土体位移变形大于窑顶周围土体变形（图 6.57）。当降雨入渗深度大于 1m 时（图 6.58），窑洞顶部土体位移变形大于窑顶周围土体变形的趋势更为明显，入渗深度达到 2m 后（图 6.59），窑洞顶部的土体与洞室后部土体出现不均匀沉降，较大的变形差会导致在窑室后部出现裂缝，加剧雨水的入渗。当降雨入渗达到 3m 时（图 6.60），不均匀沉降部位移至崖面部位，这个不均匀沉降位移是窑洞靠近窑脸部位产生横向裂缝的一个重要原因，当裂缝宽度较大时，在自重或外荷载的作用下崖面部位易发生坍塌破坏。不同入渗深度下窑洞沿 y 方向的最大位移及其位置如图 6.61 所示。

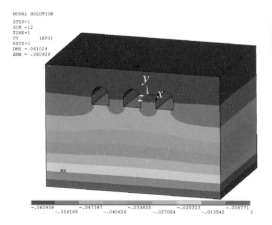

图 6.57 天然含水率状态位移云图

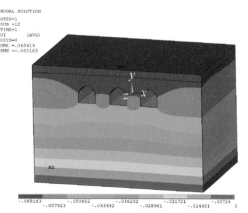

图 6.58 入渗 1m 状态位移云图

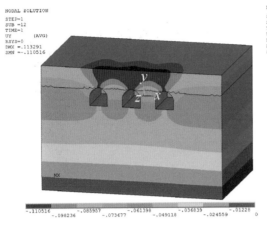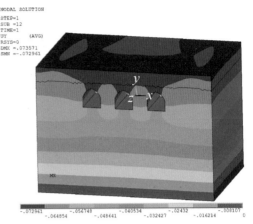

图 6.59　入渗 2m 状态位移云图　　　　图 6.60　入渗 3m 状态位移云图

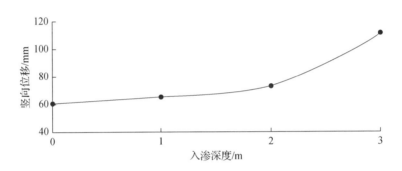

图 6.61　最大竖向位移随入渗深度的变化关系

　　从图 6.61 中可以看出，在降雨入渗深度不大于 2m 时，随着入渗深度的增加，中间跨窑洞靠近窑脸部位的窑顶地面位移缓慢增加，但变化趋势不大，当入渗深度超过 2m 时，竖向位移急剧增加，窑脸部位会因不均匀沉降出现横向裂缝，使崖面部位有坍塌的趋势，窑洞的稳定性与结构安全性急剧降低。

2. 关键点的位移分析

　　崖面所在平面为窑洞结构的最不利位置，故选择崖面所在平面对关键部位的计算结果进行分析。选取中间跨窑洞崖面部位拱尖到地面、拱曲线、侧直墙这三个位置的三条线的节点（图 6.62）进行计算，并对结果重点讨论分析。其中线 1 是从窑洞拱顶的上地面至窑拱拱尖的连线，在这条线上选取了 7 个代表节点，选取代表节点的顺序是自上而下，这条线上的第一个代表节点在最上方拱顶上地面处，最后一个代表节点为拱尖处；线 2 是自拱尖至拱脚处，由于窑拱是窑洞的主要承力部位，容易发生破坏，故选取 9 个代表节点，即拱弧线的八等分点（包括两端点），所选取代表节点的顺序是自拱尖至拱脚处；线 3 是窑腿侧直墙的 2 个上下端点的连线，所选取代表节点的顺序是自上向下的，所选取的 4 个代表节点是此线的三等分点（包括两端点）。

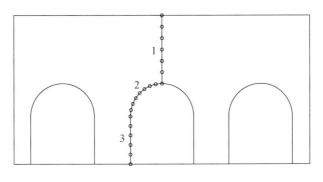

图 6.62　选取关键节点所在的三条线

由图 6.63 可以看出，降雨入渗深度不大于 2m 时，中间跨窑洞拱曲线上各节点沿 x 方向的位移值较小且变化不大；入渗深度达到 3m 时，在拱曲线的中间部位，位移方向发生突变，且靠近拱顶两侧的土体（距离拱顶约 1/4L 处，L 为拱曲线长度）沿 x 向位移出现极值，此时的位移最大值是天然含水率状态下的 45.5 倍。由于靠近窑顶的两侧区域出现了较大的水平向位移，窑室拱顶易出现装饰面层的开裂、空鼓或是窑顶土体的裂缝及坍塌破坏。

图 6.64 表明拱曲线上各节点的 y 向位移随着降雨入渗深度的增加呈线性缓慢减小，但各结点 y 向位移随降雨入渗深度的增加而增加。降雨入渗深度不大于 2m 时，拱曲线上各节点的位移变化趋势与天然含水率状态下的变化一致，且拱顶与拱脚的位移相差不大；当降雨入渗深度达到 3m 时，拱顶 y 向位移是天然含水率状态下的 1.78 倍，拱脚 y 向位移是拱脚的 1.69 倍，拱顶两侧土体的 y 向位移值增加相较于拱脚部位更为明显，此时拱曲线上较大的位移变化严重降低了窑洞结构的整体性与稳定性。

图 6.65 中表明拱曲线上各节点的 z 向位移随着降雨入渗深度的增加呈线性缓慢增大，呈现外倾的趋势。各节点 z 向位移在入渗深度小于 2m 时增加幅度较小，此时拱券下部的 z 向位移比上部位移大，拱券部位土体能够保持稳定。而入渗 3m 时窑拱上部的 z 向位移要比下部大，拱顶 z 向位移是天然含水率状态下的 6.6 倍，且拱顶 z 向位移是拱脚的 2.8 倍，外倾趋势明显，易发生拱券部位土体的滑塌，这与调研中窑洞的实际破坏形式相吻合。

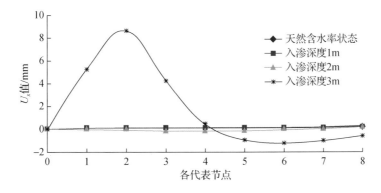

图 6.63　线 2 上自拱顶至拱脚各代表节点不同工况下 x 向位移

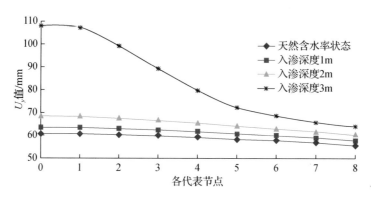

图 6.64　线 2 上自拱顶至拱脚各代表节点不同工况下 y 向位移

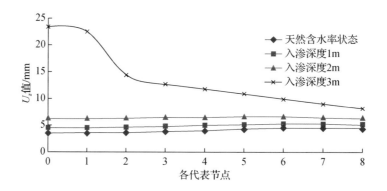

图 6.65　线 2 上自拱顶至拱脚各代表节点不同工况下 z 向位移

以线 2 上拱顶到拱脚不同工况下各节点的位移（单位：mm）变化作图显示，图 6.63 ～图 6.65 中横坐标由 0 ～ 8 分别代表由拱顶到拱脚的各节点。

6.4.2　应力分析

1. 结构承载力分析

应力分析的目的在于确定结构的承载能力并判定结构的薄弱部位。等效应力是将结构各方向的主应力进行差值转化，并用应力等值线来反映结构内部的应力分布情况，可清晰明了地描述应力在整个结构中的变化情况。用等效应力进行分析，可描述结构的应力集中的现象，确定模型中的最危险区域。

图 6.66 ～图 6.69 是天然含水率状态下、入渗 1m、2m 和 3m 状态下等效应力云图。可以看出，等效应力的最大值均出现在窑腿部位，且越靠近窑腿根部，应力值越大，说明窑腿部位是窑洞结构的应力集中区域，在重力及外荷载作用下窑腿部位易发生破坏，这与直观判断出的结果相一致：窑腿是支撑整个窑室结构的关键受力部位，承受着上部结构的荷载。

洞室周边的最大等效应力均出现在窑腿根部，随着降雨入渗深度的增加，应力值逐渐增大，当入渗深度小于 2m 时，应力集中区域仅出现在靠近崖面部位的窑腿根部，入渗深度超过 2m 时，应力集中区域向上扩展，当入渗深度达到 3m 时，靠近崖面的窑腿及拱券部位均出现应力集中区域，此时靠近崖面的洞周区域处于一个较危险的状态，在自重与外力作用下易发生坍塌破坏。

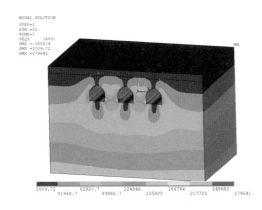

图 6.66　天然含水率状态下等效应力云图

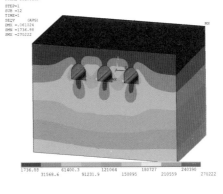

图 6.67　入渗 1m 状态下等效应力云图

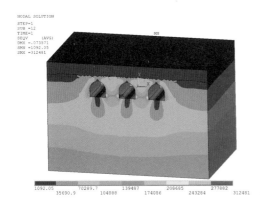

图 6.68　入渗 2m 状态下等效应力云图

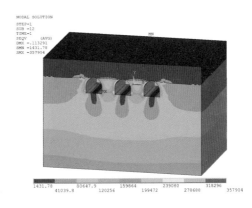

图 6.69　入渗 3m 状态下等效应力云图

2. 关键点的应力分析

窑拱与窑腿是窑洞整个受力体系中受力较大的部位，结合线 1 ~ 3 上各节点不同降雨入渗深度下的应力值，选取受力较大的线 2（窑拱）上各节点的最大剪应力值与主应力值进行比较，找到降雨入渗深度对窑洞结构影响的一般规律。

根据模型计算结果，将窑洞拱曲线（线 2）上各节点较大的剪应力 τ_{xy} 及主应力 σ_1、σ_3 作曲线图，图 6.70 ~ 图 6.72 中横坐标 0 ~ 8 分别代表由拱顶到拱脚的各节点。

由图 6.70 ~ 图 6.72 比较可看出，尽管窑洞的拱券是整个结构中受力较大的部位，但是当降雨入渗深度小于 1m 时，拱曲线部位的受力对水分的入渗深度反应并不明显，入渗深度在 1 ~ 2m，由于入渗土层的重度较天然土层重度大，随着入渗深度的增加，拱顶承受的力逐渐增大，但是增加量较小，这主要是因为水分并未入渗到窑洞顶部的承力土拱范围内，仅相当于在拱顶施加荷载，导致拱曲线上各点受力随入渗深度的增加而缓慢增加。当降雨入渗深度达到 3m 时，拱曲线上各点的受力变化明显，这是因为水分渗入承力土拱范围内，降雨的入渗不仅增大了上覆土体的重度，同时降低了土体的力学性能，因而导致拱顶的受力急剧增大，严重降低了窑洞的稳定性与结构安全性。由拱曲线部位的应力综合分析可知，降雨入渗深度 1m 以内对窑拱部位的影响不大，不会使窑拱部位发生破坏，入渗深度在 1 ～ 2m 时，随着入渗深度的增大，窑拱中间部位应力增大明显，当入渗深度达到 3m 时,窑拱中间靠下部位应力急剧增加,容易发生破坏。

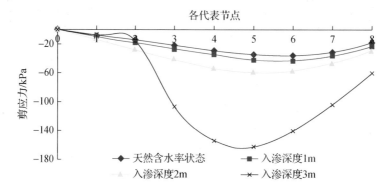

图 6.70　各节点不同入渗工况下的 τ_{xy} 曲线

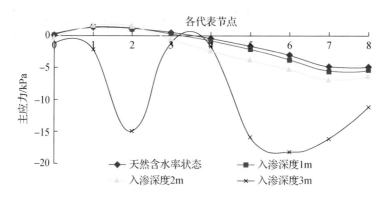

图 6.71　各节点在不同入渗工况下的 σ_1 曲线

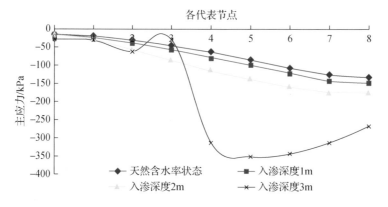

图 6.72　各节点在不同入渗工况下的 σ_3 曲线

窑腿是将上部覆土重量及荷载传递到下部土体的媒介，是窑洞结构中受力较大的部位，其稳定性直接关系到窑洞结构安全性，将窑腿部位（线 3）上各节点的剪应力 τ_{xy}、τ_{yz} 及主应力 σ_1、σ_3 作曲线图，图 6.73～图 6.76 中横坐标 0～5 分别代表拱脚到窑腿根部的各节点。

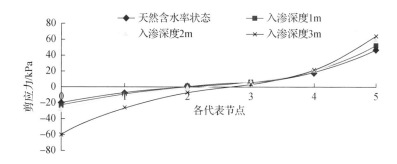

图 6.73　各节点在不同入渗工况下的 τ_{xy} 曲线

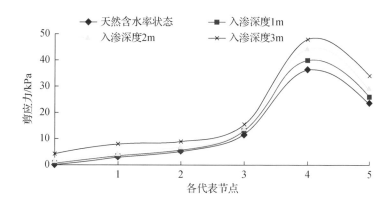

图 6.74　各节点在不同入渗工况下的 τ_{yz} 曲线

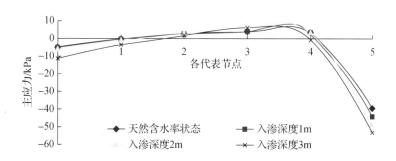

图 6.75　各节点在不同入渗工况下的 σ_1 曲线

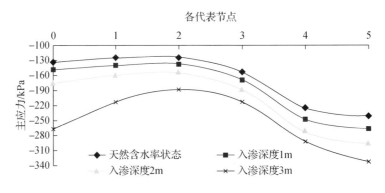

各代表节点

图 6.76　各节点在不同入渗工况下的 σ_3 曲线

由图 6.73～图 6.76 比较发现，越靠近窑腿底部的应力值越大。随着降雨入渗深度的增加，窑腿各部位的应力逐渐增大，当降雨入渗深度小于 2m 时，窑腿应力的整体变化趋势一致；当入渗深度达到 3m 时，在靠近拱脚的窑腿顶部应力值突增，但是受力最大部位依然出现在窑腿底部。尽管窑腿作为窑洞结构的基础，在整个结构中受力最大，但由于降雨入渗集中在覆土内，对窑腿部位的影响主要是雨水入渗后覆土层重度的增加引起的应力增大，随着降雨入渗深度的增大，窑腿底部易出现受力过大引起的裂缝、坍塌等破坏。

6.4.3　塑性区分析

土体的塑性是指土体受力时，当应力超过弹性极限后，应力与变形不再是线性关系，会产生塑性变形。塑性区即屈服区域，是指发生塑性变形的区域。窑洞发生破坏是在土中形成了一定范围的滑动区域或一定区域的土体进入塑性状态。当土体中许多点达到极限平衡状态后即会引起窑洞结构的破坏，因此根据屈服准则，可将计算模型达到屈服状态的一点或一片区域在云图中以塑性区显示出来。当塑性应变值为 0 时，认为结构没有进入塑性区；当塑性应变值不为 0 时，则认为这一区域已进入了塑性区，且数值越大，说明越不安全，通过塑性区可直观地确定窑洞发生破坏的部位。

在完成不同入渗深度下的窑洞模型计算分析后，发现每一种计算工况下的窑洞模型，其洞室周围土体都有或大或小的区域进入塑性（即屈服）状态。同时计算结果显示，沿窑洞进深方向，不同横断面上同一位置处的等效塑性应变值沿窑洞进深方向逐渐减弱，因此崖面所在平面的等效塑性应变是窑洞结构中最大的。

图 6.77～图 6.80 为天然含水率状态下、不同降雨入渗状态下窑洞结构崖面的塑性应变图。

由塑性区云图可以看出，在天然含水率状态下，塑性应变主要集中在中间跨窑洞的窑腿根部，这主要是由于在洞室开挖过程中这些部位出现了不可恢复的变形，进入了塑性变形阶段，若发生破坏，肯定是从出现塑性区的地方开始。而随着入渗深度的增加，塑性区分布的位置基本没有变化，但是塑性区向边跨窑洞的窑腿根部扩展，降雨入渗深度越大，塑性区的分布范围越大，塑性应变值也越大，当入渗深度达到 3m 时，塑性区主要集中在拱顶两侧的区域。

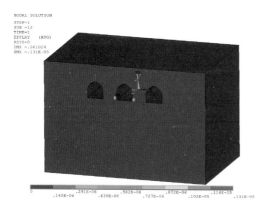

图 6.77　天然含水率状态下窑洞结构崖面的塑性应变图

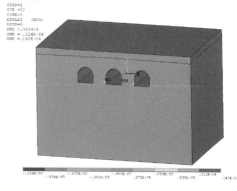

图 6.78　入渗 1m 状态下窑洞结构崖面的塑性应变图

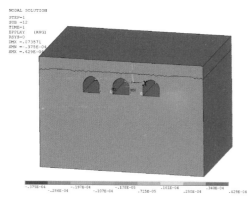

图 6.79　入渗 2m 状态下窑洞结构崖面的塑性应变图

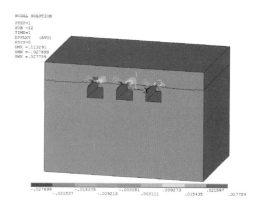

图 6.80　入渗 3m 状态下窑洞结构崖面的塑性应变图

　　分析不同入渗工况下的塑性应变值极值。当入渗深度小于 2m 时，出现在窑腿根部的塑性区，塑性应变值均较小，对窑洞结构安全性影响不大。而当入渗深度达到 3m 时，窑顶塑性应变值达到 0.028，工程中一般认为饱和土的塑性应变值达到 0.01 时土体即发生破坏。由此可知，处于匀质土层且覆土厚度为 3m 的窑洞，当降雨入渗深度小于 2m 时，窑洞不会发生破坏，而当降雨入渗深度达到 3m 时，靠近崖面部位的窑洞顶部将发生坍塌破坏。

　　通过以上分析可以得出结论：持续降雨或强降雨的入渗深度大于 2m 时，才会对地坑窑院民居结构造成致命的伤害。而豫西黄土塬区属暖温带大陆性季风区，半干旱性气候，四季分明，凉爽干燥，降雨量偏少，年平均降水量为 500mm 左右，很少有大暴雨发生。即使偶遇洪涝，塬上周边环绕的沟壑也会很快将雨水排走，一般不会殃及地坑窑院民居。这或许就是那些虽然由"土拱"支撑，但仍能够屹立百年的地坑窑院存在的奥秘。

第 7 章
原生态的能源自维持住宅

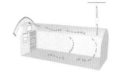

能源自维持住宅是指在全生命周期内，优先使用当地资源，在保证住宅性能和居住舒适度的基础上，尽量降低对外部传统能源的消耗，满足住宅节能需求，充分提升能源自我满足程度的住宅。

地坑窑院民居深潜土塬，充分利用了黄土的力学及物理特性，因地制宜、就地取材、省工省料、造价低廉、隔音降噪、防风避沙、绿色环保，具有冬暖夏凉、保温隔热、自我调节微气候等特性，在满足人们生活需求的同时，几乎不消耗传统能源，被誉为"天然空调"，是一种原生态的能源自维持住宅[66]。

7.1 古老的原生态住宅

作为中国远古穴居文化的直接继承和发展，地坑窑院民居在建造方式上较少破坏地面植被和自然风貌，在审美上保持融于自然的情趣和古风野韵，在文化品格上表现出令人感情至深的亲地倾向和黄土情节。它充分展现了人类创造活动与自然环境之间和谐统一（图 7.1）[67]。

图 7.1　地平线以下的村庄

图 7.1（续）

7.1.1 融于自然，取于自然，归于自然

1. 融于自然

由于受地质地貌条件的限制，黄土高原建造居所最便于利用的建筑材料只能是黄

土。就地取土，四壁掘窑，地坑窑院的居住方式就这样被保留下来。然而，在倡导人与自然和谐相处的今天，人们回过头来重新审视天、地、人之间的相互关系，才猛然发现，地坑窑院融于黄土，浑然天成，是所有住宅形式中着附于大地、离"地气"最近的民居形式，渗透着人们对黄土地的热爱和眷恋之情（图7.2～图7.4）。

图 7.2   窑前吃饭的老人　　　　　　　　图 7.3   窑院里玩耍的儿童

图 7.4   窑院中聊天的妇女

2. 取于自然

深藏于黄土层之中的地坑窑院是从地下原状土的"无限体"中挖凿出的居住空间（图7.5），它有别于用建筑材料建造的有体量的空间的地表建筑，不但没有在地面上增加什么，反而使地面下沉减少。先民们充分利用黄河流域的地理条件，适应黄土高原的干旱气候，结合得天独厚的"土"资源，就地凿土挖坑，通过横向挖掘取得室内空间，最大限度地利用原状土体作为窑壁、窑顶，还用黄土来做土台、土踏步等构件；挖出的土还可以用于平整耕地，垫坡填坑等，真可谓"土尽其才"。先民们把对黄土资源的利用发挥到了极致，智慧地创造了供当地居民繁衍生息的千年窑居。地坑窑院是历代劳动人民认识、利用、改造黄土的智慧结晶[68,69]。

图 7.5　地坑窑院全景

3．归于自然

地坑窑院的生土是一种绿色建筑材料，具有再生性强的特点。废弃的窑居、窑坑不仅可以重新成为黄土资源，做到建筑材料和建筑形式的良性循环，而且由于经历了长年累月的风化作用及一系列复杂的变化涵养过程，生土已经变成含有丰富腐殖质、宜于植物生长的地表"熟土"而回归大自然。正如谚语所云："风吹熟的陈墙，火烧熟的旧炕，日头晒熟的脑畔，杵子捶熟的胡墼。"这里所述的"脑畔"就是地坑窑院窑背（图 7.6），所谓"熟"是指宜于种植的"熟土"。

地坑窑院是华夏民族历史上悠久的居住建筑之一，从现代绿色生态建筑的角度来看，地坑窑院是"原生态建筑"；从中国古代"天人合一"的哲学思想来看，它是人与大自然和睦相处、共生居住的典范。地坑窑院是黄土高原居民世世代代宁和、朴素的安居之所，标志着人工创造对自然资源"占有"的同时，又体现着自然对人工创造的亲昵；它在反映原始本源文化"土气"的同时，又彰显着虽古犹新的人类智慧。这对于人类维护自然生态平衡，确保自然资源的再生能力具有非常重要的意义。

图 7.6　地坑窑院的窑顶

7.1.2　保温隔热，冬暖夏凉

科学论证认为：最适宜人类生活的环境温度在 16 ～ 22℃，相对湿度在 35% ～ 75%。黄土是绝好的保温隔热材料。深藏于黄土层之中的地坑窑院，其"围护结构"是在原状土的"无限体"中掏出的空间，窑顶必有覆土。覆土厚度大多在 3m 以上（图 7.7）。

覆土的作用有三：一是压顶，保障窑洞的安全稳定性；二是保温隔热，充分利用地下热能和覆土的储热能力和热能损失小的特点，保障窑室的"冬暖夏凉"；三是调剂湿度，黄土塬区干旱少雨，冬季窑外湿度仅为 2% ～ 15%，但窑顶覆土涵养的水分经下渗可使窑内湿度保持在 30% ～ 50%，且相对稳定，这几乎是人的生理适应范围的最佳状态，能够起到滤尘和灭菌的作用。

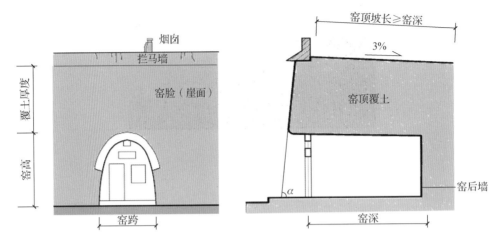

图 7.7　窑顶的覆土厚度

黄土层中含水量的多少对其承载能力的影响极为敏感。当土层内含水量小于 10%时，黄土具有较高的承载能力，当然这也与土层内的化学成分，如钙、镁和有机质的含量有关。当土层内的含水量在 20% 以上时，其承载能力急剧下降，甚至丧失承载能力。根据这一特性，选址时宜考虑排水通畅和地下水活动少的地段和层面。窑顶地面是覆盖层的表面，窑顶地面渗水会破坏窑洞的土质结构。为了保证窑室覆盖土层的土质密实，窑顶不种植作物而用于打场晒粮。同时为了防止雨水倒灌和积存，窑顶地面必须保持一定的坡度，以便于排水，放坡长度不小于各方向窑室进深长度（图 7.7）。为了保持窑顶地面光洁、土质密实，需定期进行碾压除草。每年至少要用碾子进行一次碾平压光；逢雨后，需及时进行碾平压光处理（图 7.8 和图 7.9）。

图 7.8　窑顶碾实

图 7.9　定期除草

豫西黄土塬地区地处北纬 31 ~ 33°，属暖温带半干旱内陆性气候。冬季 1 月，室外平均温度为 -2 ~ -1℃，最低温度为 -15.2℃；夏季 7 月，室外平均温度为 27℃，最高温度为 40℃。但在地坑窑院民居中，冬季温度都在 10℃以上，加上窑内用火煮饭和热炕，温度很快可以达到令人体舒适的范围；夏天窑内一般可保持在 20℃左右，室内外温差常为 15 ~ 20℃。地坑窑院民居的保温隔热性能和室内温度的稳定性能，几乎达到了冬季、夏季使用空调的控制水平，是 "天然空调，恒温住宅"。地坑窑院外形融于自然、融于黄土，保温、隔热、储能，同时调解洞室小气候、实现 "二氧化碳" 零排放，完完全全地保持了生态自然系统中物质流与能量流的平衡，是天然的节能型建筑[70]。

7.1.3　会 "呼吸" 的墙体

窑洞的 "冬暖夏凉" 除了覆盖于厚土层之下的原因外，生土墙体本身所具有的 "可呼吸" 功能，也是一个重要原因。生土墙体由于毛细孔的存在，具有奇特的透气、保温、隔热性能。特别是那些建造年代久远，窑室墙壁完全风干的窑洞。这种性能不仅能够调节室内温度，还能够调节室内湿度。当窑洞潮湿的时候，厚厚的墙体可以吸收空气中的水分，窑壁表面绝不会出现像其他材料的墙面那样反潮或产生凝结水的现象；而在干燥的季节，墙体又能够自然释放水分，一定程度上起到了调节窑室湿度的作用[71]。

7.1.4　接近 "地气"，居者长寿

物理学意义上的 "地气"，是指地壳内蕴藏的气体在力的作用下溢出地表的气体。它还是传统中医的研究对象。中医认为，地气就是 "天地之精华"。

地坑窑院所营造的是嵌于大地、融于黄土的建筑空间，是最接近 "地气" 的民居。黄土对于生于斯长于斯的窑居区居民来说，是衣食命脉之源。黄土有效地维系了人们的生存和繁衍，人们依恋黄土、崇拜黄土，从而赋予非生命的 "黄土" 以生命，进而人格化。在他们眼里，黄土不再是简单的团粒结构土壤，而是支配着世代命运，负载着世代价值的圣物。而黄土也向此地的人民敞开胸襟，使其钻进黄土的骨子里，撩起独有的情结，玩味万种的风情。

人们在开凿窑体时所面对的不是陌生冷漠的水泥、钢材和砖头，而是天然的原生土，所营造的是与之耳濡目染、声息相通的天然生存空间。如果窑洞是人们赖以生存和发展的必要环境，黄土则是人们不能失去力量的源泉。

通过对窑居区居民的调查发现，窑居区人们的平均寿命在 75 岁左右。在三门峡西张镇的许多窑村里，95 岁以上的老者屡见不鲜（图 7.10 ~ 图 7.12）。

究其原因，首先，人们居住在窑洞中，黄土阻隔了大气中放射性物质的辐射影响。长期居住在窑洞中的居民，患瘙痒、赘疣、疹子等皮肤病，支气管炎、哮喘等呼吸道疾病和风湿性心脏病的较少。其次，科学研究发现，黄土地带的植物中含有丰富的微量元素锰和硒。锰元素有利于防止心血管病；硒则具有减少脂肪积聚、延缓人体器官老化的作用，同时硒还能调节机体免疫功能，增强人体的抗病能力。最后，黄土窑洞由于覆土厚，相邻窑之间 "墙" 厚至少 3m 以上，居住分散，外界噪声几乎干扰不到窑室。

噪声污染的隔绝，消除了人们的紧张情绪。在窑居区耳聪目明的老者比比皆是，失眠、神经衰弱和精神病患者也很少。

图 7.10　老窑匠座谈会

图 7.11　采访老窑匠（中，93 岁）

图 7.12　生活在地坑窑院中的百岁老人

综上所述，居住窑洞能防止和消除痼疾顽症，又避免了"现代文明"带来的各种污染，居者长寿就是顺理成章的事了。

当今，面对全球气候变化对人类生存和发展提出的挑战，以低能耗、低污染、低排放为基础的"低碳住宅"模式被提出。最大限度地利用自然能源，减少环境破坏与污染，降低二氧化碳的排放量的居住模式是人们考察住宅优劣的新标准。地坑窑院这种"零能耗、零排放"的原生态住宅应该引起人们的高度关注。

7.2　室内外热环境现场监测

为了定量评价生土地坑窑院民居的室内外热环境，揭示地坑窑院的保温隔热性能，探讨其与生俱来的冬暖夏凉的能源自维持特性，为生土地坑窑院民居的生态价值提供科学验证，作者以三门峡市陕州区的生土地坑窑院为研究对象，选择冬夏极端气候时段，对其室内外热环境进行了现场连续监测[72]。

7.2.1　监测对象

三门峡市陕州区位于豫西黄土塬上，是生土地坑窑院的聚集地之一，有大量的在役生土地坑窑院，保存完好，具有很好的代表性。为了对传统生土地坑窑院的室内外热环境进行深入的量化研究，研究其能源自维持特性，作者选取三门峡市陕州区西张村镇庙上村的一座典型的生土地坑窑院和一孔与其毗邻的有火炕地坑窑院（简称火炕窑）作为主要研究对象，并选取地坑窑院附近的一间朝阳砖房作为辅助对比研究对象，进行生土地坑窑院室内外热环境的现场监测与分析。

1. 夏季监测对象

夏季的监测对象为某地坑窑院。该窑院是一座目前仍在居住使用的具有百年历史的西兑院（图7.13）。窑院深度为7500mm，院坑平面尺寸为12000mm×12000mm，院中共有10孔窑洞。地坑窑院室内壁面皆用白灰抹面，地板用青砖铺砌，除上主窑的窑隔为"一门三窗"式格局外，其他均为"一门两窗"，门为双扇平开半玻木门，窗为不能开启的单玻木窗。

（1）室内热环境的监测对象

考虑到地坑窑院朝向等因素对地坑窑院室内热环境的影响，为全面研究生土地坑窑院的室内外热环境及其影响因素，选取窑院不同朝向的上主窑、上北窑、下主窑和上南窑4孔窑洞作为夏季生土地坑窑院室内热环境的监测对象，各孔窑洞的具体方位如图7.14所示，相关尺寸如表7.1所示。

图7.13　地坑窑院俯瞰图

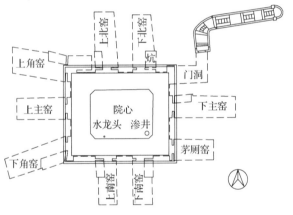

图7.14　地坑窑院平面图

表7.1　窑洞结构尺寸　　　　单位：mm

窑洞名	跨度	进深	拱矢	窑隔厚	侧墙高度	覆土厚度
上主窑	3000	6800	1200	260	1800	4500
上北窑	3000	7600	1200	260	1800	4500
下主窑	3000	8400	1200	245	1800	4500
上南窑	2700	6000	1200	255	1800	4500
火炕窑	3200	6900	1400	240	1800	4500

（2）室外热环境的监测对象

为研究地坑窑院作为一个地平线下的半封闭空间所具有的特殊性及植物对周边微气候的影响，本章选取院心、地面和树荫作为地坑窑院夏季室外热环境的监测对象。

2．冬季监测对象

（1）室内热环境的监测对象

首先，地坑窑院冬季室内热环境的监测对象包括夏季监测的上主窑、上北窑、下主窑和上南窑 4 孔窑洞。其次，火炕作为生土地坑窑院的传统特色，是居民用于改善地坑窑院冬季室内热环境的常用采暖设施。为了充分研究火炕对生土地坑窑院冬季室内热环境的调节作用，同时选取与上述监测窑院毗邻的一孔有火炕地坑窑院作为冬季室内热环境监测对象（图 7.15），有火炕地坑窑院的具体尺寸如表 7.1 所示；最后，为了通过将生土地坑窑院的冬季室内热环境性能与普通砖房进行对比分析，进一步说明地坑窑院冬季保温的优越性，本章在冬季同时选取地坑窑院附近的一所地面砖房民居（图 7.16）的 1 个朝阳房间作为冬季室内热环境的监测对象。

图 7.15　火炕窑　　　　　　　　　　　　　图 7.16　朝阳砖房

（2）室外热环境的监测对象

为了保证与夏季监测结果的连续性和可比性，冬季的室外热环境监测对象与夏季完全一致，包括院心、地面和树荫。

7.2.2　监测时间和条件

夏季和冬季是一年中的极端气候阶段，而春季及秋季的气候处于二者之间，比较温和。为了充分揭示生土地坑窑院全年室内外热环境的特点与规律，本节提出了"二阶段"监测方案，即监测工作分为夏季监测和冬季监测两个阶段。

根据中国传统的二十四节气，夏季监测时间选为夏季最热时段——大暑（7 月 23 日）前后的 7d，即 2014 年 7 月 20 日 00:00 ～ 26 日 24:00。冬季监测时间选为冬季最寒冷时段——大寒（1 月 20 日）后的 7d，即 2015 年 1 月 22 日 00:00 ～ 28 日 24:00。无论是在夏季还是在冬季，监测期间，对所有热环境指标进行 24h 连续整点监测，1h 记录 1 次数据。监测期间尽可能保证各测点监测的同时性，同时考虑到测点较多，为保证监测数据的整时性，每次整点监测时，提前 10min 开始进行监测工作。

考虑到冬季人员的进出对室内热环境的显著影响，为探讨生土地坑窑院在自然状态下的室内外热环境性能，尽量减少人为因素的干扰，冬夏两季监测期间，监测窑洞及砖房均无人员居住使用，除监测时段外，人员一律不得进入监测窑洞及砖房。监测窑洞及砖房夏季不采取任何降温措施，冬季不采取任何采暖措施，不消耗任何传统能源。

另外，本节对火炕的一个完整使用周期进行了研究。冬季监测期间，火炕窑遵循当地居民的使用习惯进行烧炕。1月22日的9:00～10:00进行了第一次烧炕，并且22日和23日每天仅烧一次火炕；而24日和25日增加了添柴次数，始终让火炕处于"不熄灭、不燃烧"的状态，直至25日的24:00进行了最后一次添柴，26日、27日和28日均不再烧炕。

根据研究目的及现场监测条件，全面考虑冬夏两季的气候特点和当地生土地坑窑院居民的生活方式，选取监测工况如下。

夏季监测共分以下3种工况：①7月20～22日为全天候开门监测；②7月23～25日为全天候关门监测；③7月26日除测风速和照度时开门，其他时间均关门监测。

冬季监测共分以下2个工况：①1月22～25日监测窑洞和砖房均为全天候关门，火炕窑烧火炕；②1月26～28日监测窑洞和砖房均为全天候关门，火炕窑不烧火炕。

7.2.3　监测指标确定和监测设备选择

热环境是一个由空气温度、相对湿度、风速、太阳辐射、周围物体的壁面温度等物理因素组成的、影响人体冷热感和健康的空间环境场。

空气温度是热环境基本的影响因素，必须考虑。空气湿度会影响人体的能量平衡、热感觉、皮肤潮湿度等，故有必要对室内外相对湿度进行定量研究。另外，人体和环境之间的热交换主要有对流、辐射和蒸发3种方式，对流散热量占人体总散热量的32%～35%，辐射散热量占42%～44%，蒸发散热量占20%～25%。对流换热取决于室内空气温度和风速，风速可以增强人体与周围环境的换热，直接影响人体的热舒适性，是热环境的一个重要影响因素。辐射换热取决于围护结构内表面的壁面温度，所以壁面温度的高低及分布会显著影响室内热环境及人体的热感觉。室内照度的变化会对室内空气温度、相对湿度等热环境指标有明显的影响，所以照度是热环境的一个重要间接影响因素。

为了全面评价生土地坑窑院的室内外热环境，根据上述热环境的概念和影响因素及相关规范的要求，考虑到冬夏两季监测的连续性及可比性，冬夏两季监测选取的室内外热环境指标相同。这些指标主要包括室内外空气温度、相对湿度、壁面温度、风速和照度五大类指标。

室外热环境的监测指标具体包括：室外地面处空气温度（简称地面气温）、相对湿度、风速和照度；室外树荫下空气温度（简称树荫气温）、相对湿度、风速和照度；室外院心空气温度（简称院心气温）、相对湿度、风速和照度；室外窑隔壁面温度和室外窑顶壁面温度。

室内热环境的监测指标具体包括：下主窑、上南窑、上主窑和上北窑的室内空气温度、相对湿度、风速、照度及各壁面的温度；火炕窑室内空气温度、相对湿度和各壁面的壁面温度；朝阳砖房的室内空气温度和相对湿度。

根据各类监测指标的特点，参考相关文献和规范，先确定所需相关仪器的参数，然后根据参数要求挑选合适的监测仪器。最终选取的监测指标、仪器及其相关参数如表 7.2 所示。

表 7.2 监测指标、仪器及其相关参数

指标	仪器	仪器参数
室内外温湿度	Fluke 971 温湿度仪	温度量程：-20 ～ 60℃；精度：±0.5℃（0 ～ 45℃），±1.0℃（-20 ～ 0℃，45 ～ 60℃）；分辨率：0.1℃。相对湿度量程：5% ～ 95%RH；精度：±5%RH（<10%RH，>90%RH），±2.5%RH（10% ～ 90%RH）；分辨率：0.1%RH
室内外风速	Testo 405-V1 风速仪	量程：0 ～ 5m/s（-20 ～ 0℃），0 ～ 10m/s（0 ～ 50℃）；精度：±0.1m/s±5% 读数（2m/s 以下），±0.3m/s±5% 读数（2m/s 以上）
壁面温度	Testo 830-S1 红外测温仪	量程：-30 ～ 350℃；精度：±1.5℃或 1.5% 读数
室内外照度	HT-1318 照度计	量程：0 ～ 400klx；精度：±3%rdg.±0.5%f.s.（<10000lx），±4%rdg.±10dgts.（>10000lx）
温湿度	Testo 174H 温湿度自计仪	温度量程：-20 ～ 70℃；精度：±0.5℃，分辨率：0.1℃。湿度量程：0 ～ 100%RH，精度：±3%RH，分辨率：0.1%RH

7.2.4 监测方案与测点的布置

为了提高监测结果的精确度及可靠性，冬夏两季监测的测点布置均较为密集。不仅可以对各测点数据进行相互验证，而且通过对各测点的数据求平均，可以使得到的监测指标数据更符合实际。为了保证监测的连续性和可比性，冬夏两季的测点布置大致相同，具体布置方案如下。

1. 窑洞室内温湿度、风速和照度测点

在窑洞的中心对称面上，水平方向，沿进深布置 5 组测点（图 7.17）；垂直方向，根据人体敏感部位（表 7.3）及相关规范要求，沿高度方向，分别在距地板 0.6m、1.1m 和 1.7m 处布点。

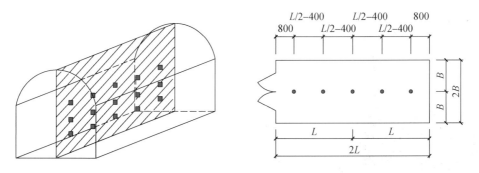

图 7.17 窑室温湿度、风速和照度测点布置图

表7.3　人体敏感部位与测点高度对应关系

测点高度 /m		人体对应部位
坐姿	站姿	
1.1	1.7	头部
0.6	1.1	腹部
0.1	0.1	脚踝

2．窑洞室内壁面温度测点

窑洞室内壁面温度测点布置在左、右侧墙，各 15 个测点，布点规律与温湿度测点类似（图 7.18）；屋顶及地板沿进深布置 5 个测点，内端墙沿高度在距地板 0.2m、0.4m、0.6m、1.1m 和 1.7m 处布置 5 个测点（图 7.19）。窑隔由砖和土两种不同的材料构成，为减小传热系数不同引起的误差，分别在砖墙和土墙中心位置各布置 1 个测点。冬季火炕窑的左右侧墙、屋顶、地板的布点方案与无火炕窑室相同。

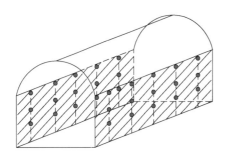

图 7.18　壁面温度侧墙测点

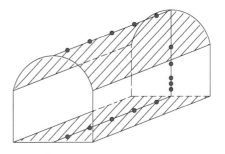

图 7.19　屋顶、地板和内端墙测点

考虑到火炕烟囱对内端墙的壁温分布影响较大，在火炕窑内端墙设置了左、中、右三列测点，每列测点分别在高度为 0.6m、1.1m 和 1.7m 处设置壁温测点，共设 9 个内端墙壁温测点。另外，为了详细分析火炕的热性能，在火炕上表面沿火炕的长度方向，在火炕的头部、中部和尾部设置 3 排测点；宽度方向上每列在火炕的两端和中间部位设 3 个测点，共 9 个测点。

图 7.20　朝阳砖房温湿度测点

3．朝阳砖房温湿度测点

朝阳砖房室内温湿度测点是在砖房朝阳房间的中心点位置，约 1.5m 高度处布置了 1 个温湿度自计仪测点（图 7.20）。

4．院心测点

院心温湿度、风速和照度测点在地坑窑院的正中心，高度分别为 0.6m、1.1m 和 1.7m（图 7.21）。

5．塬面（窑顶）测点

塬面（窑顶）温湿度、风速和照度测点布置在距地坑窑院拦马墙 5m 处，高度分别为 0.6m、1.1m 和 1.7m（图 7.22）。

图 7.21　院心测点　　　　　　　　图 7.22　塬面（窑顶）测点

6．树荫测点

树荫温湿度、风速和照度测点布置在距地坑窑院东南角 6m 的树下，高度为 0.6m、1.1m 和 1.7m（图 7.23）。

图 7.23　树荫测点

7．室外壁面温度测点

室外壁面温度测点在 4 孔监测窑室窑顶处的地面上沿进深布置 5 个测点，测点的平面位置与窑洞室内屋顶的壁温测点完全重合（图 7.24）；在窑隔的外表面，与内表面的壁面温度测点的位置重合，分别在砖墙和土墙中心位置各布置 1 个测点（图 7.25）。

图 7.24　窑顶测点　　　　　　　　　　　图 7.25　窑隔外表面测点

7.3　夏季室内外热环境的监测结果分析

　　通过整理归纳夏季室内外空气温度、壁面温度、相对湿度、风速和照度五大类热环境指标的监测数据，作者对监测结果进行了详细分析[73]。考虑到天气状况对室内外热环境有举足轻重的作用，本书对监测期间的天气状况做了详细记录（表 7.4），其中 7月 21 日达到了年最高气温。

表 7.4　夏季监测天气状况

日期	天气	气温 /℃
7 月 20 日	晴间多云	23.0 ～ 36.9
7 月 21 日	晴间多云	27.1 ～ 40.6
7 月 22 日	晴转雨，21:00 开始雷雨	23.3 ～ 37.7
7 月 23 日	小雨转阴，11:00 雨停	21.1 ～ 23.8
7 月 24 日	阴转晴，晴间多云	19.6 ～ 29.4
7 月 25 日	晴	19.9 ～ 33.8
7 月 26 日	晴	20.7 ～ 34.3

7.3.1　空气温度监测结果分析

1．空气温度随时间变化规律

　　夏季生土地坑窑院室内外空气温度的监测结果如图 7.26 ～图 7.30 所示。
　　由图 7.26 可知，夏季监测期间的地面气温、树荫气温和院心气温等室外气温的变化规律完全一致，晴天遵循以 24h 为周期的简谐波形式。三者的峰值和谷值一般同时出现，白天产生波峰，晚上产生波谷。三者各自的变化幅度不同，明显呈现出"地面气温>院心气温>树荫气温"的规律。阴雨天的室外空气温度较低，变化幅度较小。

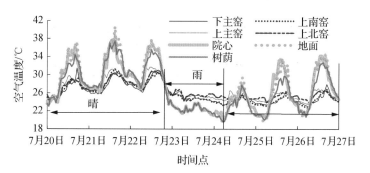

图 7.26　夏季地坑窑室内外空气温度变化图

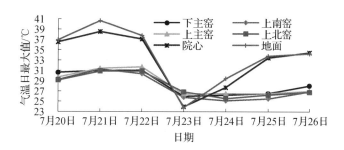

图 7.27　夏季地坑窑院室内外气温日最大值变化图

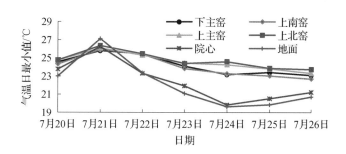

图 7.28　夏季地坑窑院室内外气温日最小值变化图

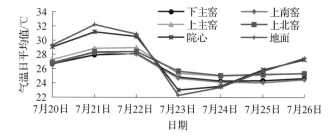

图 7.29　夏季地坑窑院室内外气温日平均值变化图

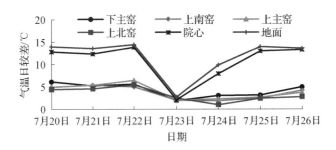

图 7.30   夏季地坑窑院室内外气温日较差变化图

由图 7.26 ～图 7.30 可知，夏季现场监测期间，地面气温的变化范围为 19.6 ～ 40.6℃，平均值为 27.3℃，日较差为 2.7 ～ 14.4℃。其中晴天（7 月 20 ～ 21 日）室外气温较高，日较差也较大，平均气温为 30.7℃；阴雨天（7 月 23 日）时，室外气温急剧降低，平均气温为 22.3℃；雨过天晴后，室外气温开始回升，并产生较大的波动，雨后晴天（7 月 25 ～ 26 日）的平均室外气温为 26.4℃，明显低于雨前晴天。分析表明，太阳辐射强度直接决定室外气温的高低，是气温日波动的主要原因；降雨可以显著降低夏季室外气温，对酷暑有非常明显的调节作用。

由图 7.26 可知，夏季树荫气温在白天时明显低于地面气温，最大温差为 3℃，在晚上略高于地面气温，最大温差为 0.5℃。分析表明，植物在夏季白天不仅可以通过遮阳来减少太阳辐射热，还可以通过蒸腾作用来降低周围气温；在夜间通过呼吸作用，使周围较低的室外气温微微升高，进一步减小气温日较差。综上可知，植物对生土地坑窑院民居的夏季室外微气候有显著的调节作用，白天显著降温，夜间轻微升温，减小气温变化幅度，可以为民居营造一个更加舒适的周边热环境。

由图 7.26 可知，夏季院心气温在白天时显著低于地面气温，最大温差为 5℃；在夜间，当气温整体较高时，院心气温低于地面气温，当气温整体较低时，则高于地面气温。分析表明，生土地坑窑院是位于地平面下 6 ～ 7m 深的土坑内，所以院心气温明显不同于地面气温。地坑窑院所形成的半开放空间，具有独特的保温隔热效果。其四面土体既可以遮挡太阳辐射热，又具有良好的热工性能，能够进行"吸热—储热—放热"等一系列的气候微调节活动，从而有效减小院心气温的变化幅度，显著提高夏季院心环境的热舒适性，为居民营造一个惬意的室外活动空间。

4 孔不同朝向的窑洞夏季室温的变化规律一致，数值相近，可见朝向对于夏季生土地坑窑院室温的影响可以忽略不计，这与相关研究成果有一定的差异。

夏季地坑窑院室内气温与室外气温的变化趋势一致，室内气温为 23.1 ～ 31.4℃，日较差为 1.8 ～ 6.4℃；室外气温为 19.6 ～ 40.6℃，日较差为 2.7 ～ 14.4℃。由此可见，室内气温远比室外气温稳定，变化幅度远远小于室外气温。室外气温与室内气温的差值为 -5.6 ～ 10.5℃，其中 -5.6℃出现在室外气温最低时，室内气温比室外气温高 5.6℃，充分体现了生土地坑窑在夏季低温天气有一定的保温性能；10.5℃出现在室外气温最高时，室内气温比室外气温低 10.5℃，充分体现了生土地坑窑院夏季高温时具

有良好的隔热降温性能。室内气温的峰值和谷值相对于室外气温的峰值和谷值均滞后
2h 左右，再次体现了生土地坑窑院在夏季具有保温隔热等室温调节功能。

　　夏天舒适的室温范围为 22～28℃。由夏季监测结果可知，在开门工况下，生土
地坑窑院的夏季室温大部分时间满足热舒适要求；在关门工况下，无论室外气温高低，
生土地坑窑院夏季室温全天候都处于舒适室温范围。综上可知，生土地坑窑院夏季不
需要任何机械降温措施，仅通过开关门调节即可达到室温热舒适的要求，充分体现了
生土地坑窑院良好的降温隔热、夏季凉爽等能源自维持特性。

　　2. 空气温度随空间变化规律

　　由于不同朝向的地坑窑院室内空气温度随空间的分布规律一致，故本节以 7 月 21
日的上北窑室内空气温度的监测结果为例对地坑窑院夏季室内空气温度随空间的变化
规律进行分析。

　　图 7.31 为夏季上北窑室内沿进深各测点的气温变化图，各测点的具体位置如
表 7.5 所示。由图 7.31 可知，各处测点的气温随时间的变化趋势完全一致，但同一时
刻不同测点的气温值大小不等，呈现出很规律的高低顺序：第 1 处测点 > 第 2 处测
点 > 第 3 处测点 > 第 4 处测点 > 第 5 处测点。此规律夜间比白天更明显，各处测点的
气温日最大差值为 0.9℃，日平均差值为 0.4℃。

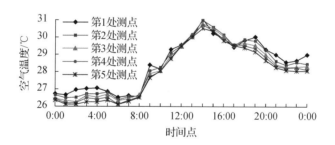

图 7.31　夏季上北窑沿进深各测点的气温变化图

表 7.5　沿进深各测点位置

测点	位置
第 1 处测点	距门口 0.8m 处
第 2 处测点	距门口 2.3m 处
第 3 处测点	距门口 3.8m 处
第 4 处测点	距门口 5.3m 处
第 5 处测点	距门口 6.8m 处

分析表明，生土地坑窑院藏身于大地土体，室外热空气通过门窗向室内传递，窑洞内端的土体对窑室空间产生冷辐射调节作用，冷辐射与热空气形成对流，随着进入窑洞距离的增加，测点受外界高温气流的影响逐渐减小，受土体的调节作用越来越明显，测点的气温越来越低，从而产生沿进深方向的温度梯度。因此，窑洞后方土体的冷辐射是降低地坑窑院夏季室温的一个重要因素。

图 7.32 为夏季上北窑分别在 0.6m、1.1m 和 1.7m 处的室内气温随时间的变化图。由图 7.31 可知，地坑窑院室内不同高度处的气温随时间的变化规律完全一致。同一时刻，不同高度处的气温值不同，呈现出 "0.6m 处 <1.1m 处 <1.7m 处" 的规律，其中 1.7m 处和 0.6m 处的气温日最大差值达 1℃，日平均差值为 0.4℃。根据监测结果可知，夏季地坑窑院室内的温度场不均匀，空间位置越高，测点的气温越高，且白天时不同高度处的气温差值明显大于夜晚时的气温差值。

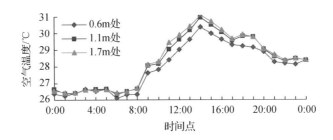

图 7.32　夏季上北窑沿高度各测点的气温变化图

因为夏季屋顶的外表面暴露于高温大气中，地板与具有调温功能的大地连为一体，所以离屋顶越近，气温越高。并且，由于夏季白天室内外温差大，室外热空气通过窑隔进入室内，由于热浮力原理，最终热空气在上方，冷空气在下方，室内空气出现明显分层；夜晚室外气温较低，室内外温差较小，室外热空气对地坑窑院室内气温的影响较小，上下温差也随之减小。

7.3.2　壁面温度和平均辐射温度

1. 壁面温度和平均辐射温度随时间变化规律

在夏季炎热气候条件下，由于室内空气温度较高，室内壁面与人体之间产生的辐射热交换对人体热感觉影响很大，室内平均辐射温度的变化会引起人体热感觉的改变。为全面评价地坑窑院室内热环境质量，本节采用平均辐射温度（mean radiant temperature，MRT）评价指标。MRT 值各壁面温度（简称壁温）数据通过相应公式计算得到。夏季地坑窑室内壁面温度的变化规律（图 7.33）（4 孔窑洞规律一致，以上北窑为例），对壁面温度数据进行处理，得到夏季各窑室的平均辐射温度变化图（图 7.34）。

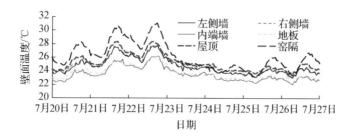

图 7.33　夏季上北窑壁面温度变化图

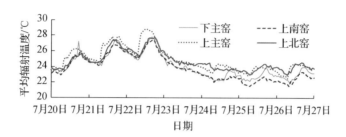

图 7.34　夏季地坑窑院室内平均辐射温度变化图

由图 7.33 知，地坑窑室内各墙壁的壁面温度随时间的变化趋势比较一致，与室内空气温度的规律相同，各壁温大小有差异。对比分析可知，窑隔的壁温最高，屋顶次之，左侧墙和右侧墙的壁温大致相等，低于屋顶，地板和内端墙的壁温相近，内端墙的壁温一般最低。分析表明，地坑窑院室内各壁面温度主要取决于该壁面所在的空间位置。窑隔及屋顶的外表面暴露在室外高温空气中，承受太阳辐射，吸收热量较多。窑隔是分隔窑室与窑院的隔墙，厚度较小，为 250mm 左右，远小于厚 4500mm 的屋顶覆土层，故隔热效果最差，壁温最高。左、右侧墙的另一表面均与相邻窑洞的室内空气接触，不直接承受太阳辐射，且墙厚约 2000mm，隔热效果较好，故二者壁温较低。内端墙及地板与无限厚的大地土体连为一体，土体深处具有一定的恒温特性，土体能够产生冷辐射，所以二者的壁温最低。由此可见，夏季室外温度场是影响地坑窑院室内壁面温度的一个重要因素，大地土体良好的热工性能是生土地坑窑院夏季凉爽的重要原因，窑隔和屋顶是地坑窑院夏季隔热降温的相对薄弱点，从而解释了生土地坑窑院覆土厚度通常大于 3000mm 的原因，佐证了通过增加覆土层厚度可以提高地坑窑院隔热性能的科学性。

由图 7.34 可知，4 孔地坑窑院室内平均辐射温度的变化规律大体一致，与地坑窑院室温的变化规律基本相同。研究表明，为保持居住者的热舒适状态，空气温度与平均辐射温度的差值不得超过 7℃。地坑窑院夏季室内的平均辐射温度变化范围为 21.5 ～ 28.8℃，平均比室内气温低 1.7℃，最多比室内气温低 4.9℃，远远满足热舒适要求。室内平均辐射温度低于室内气温，较低的平均辐射温度对人体产生冷辐射，从而使人在窑洞内倍感凉爽，显著提高地坑窑院夏季室内的热舒适性。

2. 壁面温度随空间变化规律

由于 4 孔窑洞的平均辐射温度变化规律大体一致，大小相近，故以 7 月 21 日的上北窑壁温的监测结果为例对地坑窑院夏季室内壁温随空间的变化规律进行研究。图 7.35 是夏季上北窑左侧墙沿进深各测点的壁温变化图，图 7.36 为夏季上北窑右侧墙沿进深各测点的壁温变化图，各壁温测点的具体位置如表 7.5 所示。

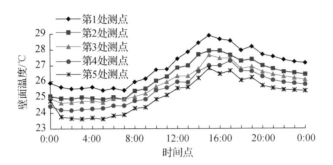

图 7.35　夏季上北窑左侧墙沿进深各测点的壁温变化图

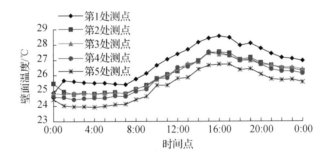

图 7.36　夏季上北窑右侧墙沿进深各测点的壁温变化图

对比分析图 7.35 和图 7.36 可知，左右侧墙各测点的壁温随时间的变化规律一致，与室温的变化规律相同，呈夜间低、白天高的简谐波形式，壁温变化范围为 23.6 ～ 28.9℃，各测点间的最大壁温差值为 5.3℃。同一时刻，左右侧墙对应位置处的壁温大小非常相近。左右侧墙的壁温沿进深的变化规律完全相同，与室内气温相同，由外向内依次降低，其中第 2、第 3 和第 4 处测点的壁温比较接近。分析表明，第 1 处测点距窑隔最近，受室外高温空气的影响最大，所以壁面温度最高；第 5 处测点距窑隔最远，紧邻窑洞后方的无限大低温土体，壁温受土体的调节作用最大，受室外高温空气影响最小，所以壁温最低；第 2、第 3、第 4 处测点既不与窑隔紧邻，又不与后部土体相连，受室外及土体的调节作用均较小，故而变化比较稳定。可见，室外气温是影响夏季地坑窑院室内气温和壁温的重要因素。

图 7.37 为夏季上北窑左侧墙沿高度各测点的壁温变化图，图 7.38 为夏季上北窑右侧墙沿高度各测点的壁温变化图。比较可知，左右侧墙相同高度处的壁面温度大小非

常相近，说明各高度处壁温随时间的变化规律一致，与室温的变化规律相同，亦呈夜间低、白天高的简谐波形式。同一时刻，左右侧墙的壁温沿高度的变化规律大体一致，与室内气温沿高度的变化规律相同，基本上呈随高度的增加而增加的趋势，但沿高度方向的壁温变化梯度明显小于沿进深方向的变化梯度。上述分析表明：热空气的分层对夏季地坑窑院室内气温和壁温的影响相同，说明室内气温和壁温是正相关的。

图 7.39 为夏季上北窑内端墙沿高度各测点的壁温变化图。根据预监测结果，内端墙下部的壁面温度随高度变化非常大，所以正式监测时加密了内端墙下部的壁温测点，沿高度共选取了 5 个测点。由图 7.39 可知，各测点的壁温随时间的变化规律相同，呈白天高、夜间低的简谐波形式。同一时刻，内端墙的壁温沿高度的增加而增加，0.2m 处壁温与 0.4m 处壁温的日平均差值为 1.7℃，0.4m 处壁温与 0.6m 处壁温的日平均差值为 0.7℃，远小于前者。由此可见，内端墙的壁温在墙底部的变化梯度远远大于上部。

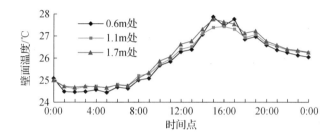

图 7.37　夏季上北窑左侧墙沿高度各测点的壁温变化图

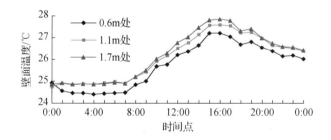

图 7.38　夏季上北窑右侧墙沿高度各测点的壁温变化图

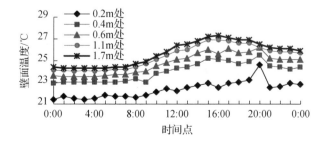

图 7.39　夏季上北窑内端墙沿高度各测点的壁温变化图

分析表明，该现象的主要原因是空气温度的分层；另外，内端墙顶端与暴露于炎热大气中的屋顶相连，随着高度的降低，距离覆土层越来越远，受屋顶外高温空气的影响越来越小，受大地土体的冷调节作用越来越大。最终导致越接近地板，壁温越低，壁温的变化速率越大。

图 7.40 为夏季上北窑地板沿进深各测点的壁温变化图。各测点的具体位置如表 7.5 所示。由图 7.40 可知，地板上各测点的壁温随时间的变化规律完全一致，呈晚上低、白天高的简谐波规律，与室内气温及侧墙壁温等的变化规律一致，但变化幅度明显较小。同一时刻，地坑窑院室内地板上的壁面温度沿进深方向亦呈现出由外至内壁温依次降低的规律，并且第 1 处测点与第 2 处测点间的变化量及第 4 处测点与第 5 处测点间的变化量明显大于第 2、第 3、第 4 处测点间的变化量。

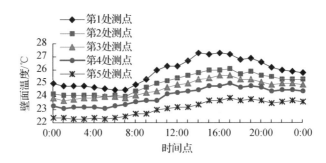

图 7.40　夏季上北窑地板沿进深各测点的壁温变化图

分析结果表明，地坑窑院壁面温度主要是受室外热空气的热辐射影响及窑洞后方无限大土体的冷辐射作用，最终的壁温分布状态是这两种能量相互作用的结果，距离两端的辐射源越近，变化梯度越大。

图 7.41 为夏季上北窑室内屋顶沿进深各测点的壁温变化图。由图 7.41 可知，室内屋顶各测点的壁温随时间的变化规律完全一致，与室内气温的规律相同。同一时刻，屋顶的壁温遵循由外向内依次降低的规律，即"第 1 处测点 > 第 2 处测点 > 第 3 处测点 > 第 4 处测点 > 第 5 处测点"，该规律及成因均与地板壁温、侧墙壁温和室温一致，再次证明夏季地坑窑院土体的热调节作用。

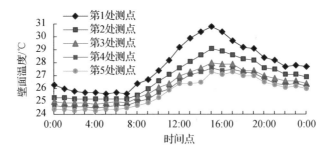

图 7.41　夏季上北窑室内屋顶沿进深各测点的壁温变化图

图 7.42 为夏季上北窑窑顶沿进深方向各测点的壁温变化图。每一处测点位置均与

室内屋顶壁温测点位置对应。由图 7.42 可知，窑顶各测点的壁温大小非常相近，随时间的变化规律与太阳轨迹一致，在 12:00 时壁温达到最大值 57℃，而室外气温在 15:00 达到最大值 30.8℃。由物理知识分析可知，空气直接吸收的阳光热能仅有 14% 左右，而约 43% 的阳光热能被地面吸收。地面吸收太阳辐射热量后，会通过辐射、对流等方式向空气传导热量，这是致使气温升高的主要因素。虽然 12:00 时太阳辐射最强，地面壁温最高，但地面还在向空气传递热量，所以室外空气温度在 15:00 达到最大值，相对滞后于地面壁温，此时大地吸收和散发的热量基本持平，之后空气温度开始下降。

　　分析表明，夏季室外地面壁温的最大影响因素是瞬时的太阳辐射强度，并非土体内部积蓄的热量。

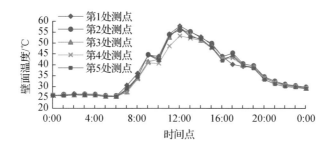

图 7.42　夏季上北窑窑顶沿进深方向各测点的壁温变化图

　　图 7.43 为夏季上北窑屋顶内外表面的壁温差值变化图。由图 7.43 可知，上北窑屋顶内外表面的壁温相差很大，壁温差值随时间的变化规律与太阳轨迹一致，最大差值为 30.6℃，出现在 12:00，日平均壁温差值高达 10.1℃。由此可见，地坑窑屋顶厚厚的覆土层在夏季具有很好的隔热降温功效。

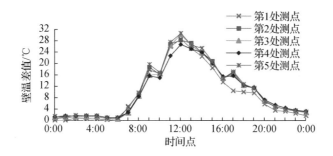

图 7.43　夏季上北窑屋顶内外表面的壁温差值变化图

　　图 7.44 为夏季上北窑窑隔内外表面各测点壁温变化图。窑隔一般厚 250mm 左右，远远薄于厚 3000mm 的屋顶覆土层，窑隔内表面是窑室距离室外最近的地方。窑隔包含两种材料，即砖和土，考虑到不同材料的传热系数不同，在两种材料的中间部位分别设置了一个壁温测点，内外表面的壁温测点的平面位置完全重合。

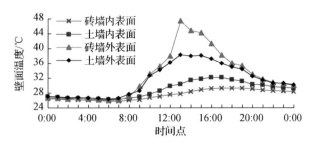

图 7.44　夏季上北窑窑隔内外表面各测点壁温变化图

由图 7.44 可知，无论是砖墙还是土墙，白天内表面的壁温显著低于外表面，砖墙内外表面日最大壁温差值为 19.6℃，日平均差值为 5.2℃；土墙内外表面日最大壁温差值为 7.9℃，日平均差值为 2.5℃。外表面壁温均在 13:00 达到最大值，而内表面壁温均在 17:00 达到最大值，说明窑隔有一定的蓄热功能。当无太阳照射时，无论内外表面，砖墙和土墙的壁温几乎相同；当有太阳照射时，外表面的砖墙壁温明显高于土墙的壁温，说明土墙的比热容较大，砖墙比土墙吸热升温快。砖墙内表面的壁温始终低于土墙内表面的壁温，变化也较土墙平缓，并且砖墙的内外表面温差明显大于土墙的内外表面温差。

分析表明，虽然砖墙外表面的壁温大于土墙外表面的壁温，并且土体的导热系数小于砖的导热系数，但因为砖墙厚度约为土墙厚度的 2 倍，所以最终导致砖墙内表面的壁温低于土墙内表面的壁温，可见墙体厚度是影响墙壁隔热降温性能的一个非常重要的因素。

7.3.3　相对湿度监测结果分析

1. 相对湿度随时间变化规律

生土地坑窑院夏季室内外相对湿度的变化图如图 7.45 所示。由图 7.45 可知，室内外相对湿度变化规律一致，均为周期为 24h 的简谐波形式，该变化规律与气温正好相反，气温最高时相对湿度最低，气温最低时相对湿度最高，说明空气温度是相对湿度的重要影响因素。监测期间，地坑窑院室外相对湿度为 21.3%～91.3%，室内相对湿度为 46.4%～81.5%，室内相对湿度变化幅度明显小于室外，充分说明黄土的多孔属性使生土地坑窑院具有良好的调湿功能。

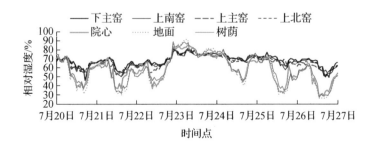

图 7.45　夏季地坑窑院室内外相对湿度变化图

4 孔地坑窑院的室内相对湿度大致相同,夏季晴天变化范围为 46.4% ~ 71.1%,均值为 62.6%;阴雨天的变化范围为 73.1% ~ 81.5%,均值为 76.0%。根据现行规范:我国民用建筑满足热环境舒适要求的室内空气相对湿度为 30% ~ 70%。由此可见,地坑窑院在夏季晴天满足室内湿度舒适要求,在阴雨天尚不能完全满足要求,应予以进一步改善。

2. 相对湿度随空间变化规律

室内相对湿度的分布同样会影响人体的舒适性,为了对生土地坑窑院的空气相对湿度进行充分研究,本节以 7 月 21 日的上北窑室内空气相对湿度的数据为例分析夏季生土地坑窑院室内相对湿度在空间上的分布规律。

图 7.46 为夏季上北窑沿进深各测点相对湿度变化图。如图 7.46 所示,不同位置处各测点的相对湿度随时间的变化规律一致,为简谐波曲线,日最大值出现在 7:00 ~ 8:00,为 71.9%,最小值出现在 15:00 左右,为 47.2%。相对湿度沿进深的总体变化趋势是由外向内依次增大,该规律在白天比较明显,在夜间各测点的相对湿度大小非常相近,规律不明显。

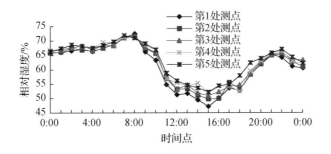

图 7.46　夏季上北窑沿进深各测点相对湿度变化图

分析表明,白天室外空气的相对湿度明显小于室内相对湿度,离门口越近,受室外热干空气的影响越大,相对湿度越小。在夜间,室外相对湿度比较大,对室内相对湿度的影响减小,室内各测点的相对湿度比较相近。

图 7.47 为夏季上北窑沿高度各测点相对湿度变化图。由图 7.47 可知,地坑窑院室内空气相对湿度随高度的增加而降低,与空气温度的变化规律相反,再次证明相对湿度与空气温度呈一定的反相关关系。

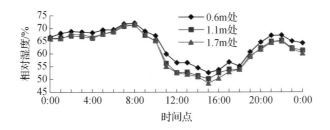

图 7.47　夏季上北窑沿高度各测点相对湿度变化图

7.3.4 风速监测结果分析

1. 风速随时间变化规律

夏季地坑窑院室外和室内风速变化图分别如图7.48和图7.49所示。由图7.48可知，室外风速的变化无明显规律，即使是相距很近的地面和树荫下的风速差别也很大，说明风速有很大的偶然性。对比分析可知，监测期间的院心风速远小于地面风速。地面风速变化范围较大，为0.05～3.28m/s，平均风速为0.67m/s；院心风速小而稳定，为0.01～0.90m/s，平均风速为0.28m/s。由此可见，地坑窑院所特有的半封闭空间具有很好的防风避沙作用，可以在夏季为黄土高原居民提供一个日暖风恬、宁静安全的生活空间。

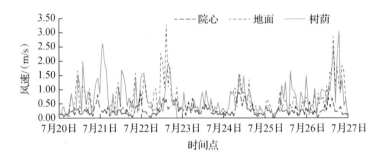

图7.48　夏季地坑窑院室外风速变化图

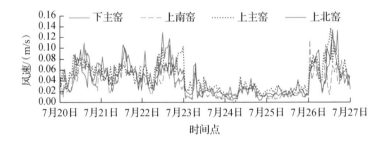

图7.49　夏季地坑窑院室内风速变化图

对比室内外风速变化可知，室内风速远小于院心风速，室内风速与室外风速无明显对应关系，和室内外温差呈明显正相关关系，室内外温差最大时，室内风速也最大，温差变小时风速也变小。由此可见，对于不能形成穿堂风的生土地坑窑院来说，热压是窑室通风的主要动力。

由图7.49可知，4孔监测窑洞的风速变化趋势一致，大小相近，说明朝向对地坑窑院室内通风无明显影响。开门工况下，室内风速较大，平均为0.06m/s；关门工况下，风速明显偏小，平均为0.02m/s。由此可见，夏季地坑窑院室内风速偏小，仅通过开门通风无法满足室内通风的舒适性要求，佐证了当地居民修建地坑窑院时在窑隔和窑顶设置通气孔的必要性。

2. 风速随空间变化规律

为了对生土地坑窑院的风速进行充分研究，以 7 月 21 日的上北窑室内风速的数据为例研究了夏季生土地坑窑院室内风速在空间上的分布规律。

图 7.50 为夏季上北窑沿进深各测点的风速变化图。由图 7.50 可知，室内各测点的风速随时间变化的规律性较差。风速范围为 0.01 ～ 0.18m/s，风速沿进深的变化规律大致是由外向内依次减小，第 1 处测点的风速最大，波动幅度也最大，其风速的日平均值为 0.09m/s；第 5 处测点的风速最小且最稳定，其风速的日平均值仅为 0.03m/s。

图 7.51 为夏季上北窑沿高度各测点的风速变化图。由图 7.51 可知，0.6m、1.1m、1.7m 处风速大小相近，说明风速沿高度无明显的规律，有很大的偶然性。

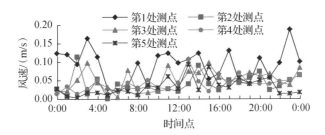

图 7.50　夏季上北窑沿进深各测点的风速变化图

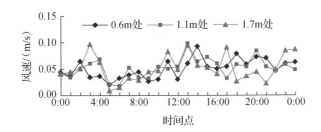

图 7.51　夏季上北窑沿高度各测点的风速变化图

7.3.5　照度监测结果分析

1. 照度随时间变化规律

夏季地坑窑院室内外照度变化图如图 7.52 和图 7.53 所示。由图 7.52 可知，地面、院心和树荫照度的变化趋势一致，白天波动较大，与太阳轨迹一致。三者的日最大值均同时出现在每天的 12:00 ～ 13:00。地面照度略大于院心照度。树荫下的照度在晴天时明显小于地面照度，在阴天时与地面照度基本相同。

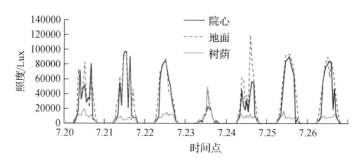

图 7.52　夏季地坑窑院室外照度变化图

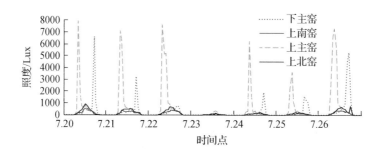

图 7.53　夏季地坑窑院室内照度变化图

对比分析可知，室内照度明显小于室外照度，二者变化趋势一致。上北窑坐北朝南，采光效果最好，室内照度最高、最稳定，舒适性最好；上南窑背阳，照度相对最低。由此可见，朝向对地坑窑院夏季室内照度有显著的影响。

相关研究表明，100～2000Lux 为舒适的照度范围。根据监测结果可知，夏季晴天地坑窑院室内照度大大满足舒适要求，阴雨天照度偏小，但仍能满足舒适要求。该研究结果与人们对生土地坑窑院采光差的传统认识有一定的偏差。

2．照度随空间变化规律

为了对生土地坑窑院的照度进行充分研究，本节以 7 月 21 日的上北窑室内照度的数据为例分析生土地坑窑院夏季室内照度在空间上的分布规律。

图 7.54 为夏季上北窑沿进深各测点的照度变化图。由图 7.54 可知，室内各测点的照度值差异非常大，由外至内照度依次显著降低，变化梯度越来越小。第 1 处测点距门口最近，受室外照度的影响最大，有较大的波动。照度的大小可以直接影响空气温度的高低，照度越大，气温越高，所以门口处在夏季容易令人产生不舒适的热感觉，可以通过白天关门等措施来改善这一现象。

图 7.55 为夏季上北窑沿高度各测点的照度变化图。由图 7.55 可知，地坑窑院室内照度沿高度的变化规律非常明显，由下到上照度逐渐减小。分析表明，位置越低，室外光线的入射角越大，能够接受的光照就越多，照度越大。

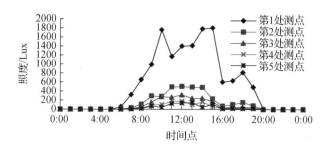

图 7.54　夏季上北窑沿进深各测点的照度变化图

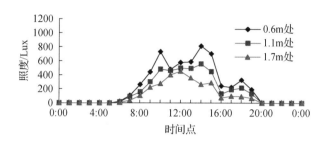

图 7.55　夏季上北窑沿高度各测点的照度变化图

7.3.6　夏季监测结果分析结论

本节通过对自然状态下的生土地坑窑院民居夏季室内外热环境进行现场监测与分析，揭示了生土地坑窑院在夏季具有隔热降温、清新凉爽等能源自维持特性。得到的具体结论如下。

1）夏季生土地坑窑院室内外温差很大，室内气温变化幅度远小于室外气温。室温在最热时段也可满足热舒适要求，充分说明生土地坑窑院夏季具有很好的隔热降温、清新凉爽等能源自维持特性。在空间上，室内空气温度沿进深由外向内依次降低，沿高度由下向上依次升高。

2）夏季生土地坑窑院室内的不对称辐射和平均辐射温度满足舒适要求。室内平均辐射温度低于空气温度，通过辐射换热来降低室温，有效提高窑室的热舒适性。室内壁温由外向内依次降低，由下向上依次升高，室内屋顶的壁温显著低于室外窑顶的壁温，说明厚厚的覆土层有很好的隔热效果，大地土体良好的热工性能是地坑窑院夏季隔热的重要原因。

3）夏季生土地坑窑院室内相对湿度变化幅度明显小于室外相对湿度，充分说明黄土的多孔属性使地坑窑院具有良好的调湿功能。地坑窑院在夏季晴天满足湿度舒适要求，在阴雨天尚不满足，应予以进一步改善。在空间上，室内相对湿度沿进深由外向内依次增大，沿高度由下向上依次降低。

4）夏季室外风速无明显规律，有很大偶然性。室外风速和朝向对地坑窑院室内风速无明显影响。地坑窑院主要靠热压通风，风速偏小，仅通过开门通风无法满足通风舒适性要求，说明了在地坑窑院的窑隔和窑顶设置通气孔的必要性。在空间上，室内风速沿进深由外向内依次减小，沿高度无明显规律。

　　5）夏季生土地坑窑院室内外照度变化规律一致。即使背阳的上南窑也能满足照度舒适性要求，说明人们对地坑窑院采光条件差的传统认识不太准确。在空间上，室内照度沿进深由外向内依次减小，沿高度由下向上依次减小。

　　6）夏季院心气温变化幅度明显小于地面气温，院心风速显著小于地面风速，充分说明地坑窑院作为连接室内和地面的半开放空间，具有非常好的调温、防风等气候微调节功能，可以在夏季为居民营造一个舒适惬意的活动空间。

7.4　冬季极端气候室内外热环境的监测结果分析

　　通过对冬季自然状态下的地坑窑院、有火炕的地坑窑院和自然状态下的朝阳砖房的室内外空气温度、壁温、相对湿度、风速和照度等热环境指标的监测数据进行整理汇总，本节对地坑窑院冬季室内外热环境进行了全面分析，并与夏季监测结果进行对比分析[74,75]。冬季监测期间的天气状况如表 7.6 所示。

表 7.6　冬季监测期间的天气状况

日期	天气	气温 /℃
1 月 22 日	晴	-1.9 ～ 9.2
1 月 23 日	晴	-0.5 ～ 9.3
1 月 24 日	阴	-0.7 ～ 3.2
1 月 25 日	多云	-1.0 ～ 7.2
1 月 26 日	多云	-1.4 ～ 5.2
1 月 27 日	小雪转中雪	-5.2 ～ -0.4
1 月 28 日	小雪	-7.2 ～ -5.0

7.4.1　空气温度监测结果分析

1．地坑窑院室内外气温对比分析

（1）室内外气温随时间变化规律

　　冬季地坑窑院室内外空气温度的监测结果如图 7.56 ～图 7.61 所示。由图 7.56 可知，冬季地面气温、树荫气温和院心气温等室外气温的变化规律完全一致，最值同步出现，晴天及阴天遵循以 24h 为周期的简谐波变化规律，白天产生波峰，晚上产生波谷，天气越晴，气温越高，简谐波规律越明显，越接近于太阳轨迹，说明太阳辐射是冬季室外气温的重要影响因素，该结论与夏季监测结果相同。与夏季规律不同的是，冬季的地面气温、树荫气温和院心气温的大小非常相近，变化幅度几乎相同。

冬季监测期间，地面气温的变化范围为 -7.2 ~ 13.1℃，平均值为 0.5℃，气温变化幅度明显小于夏季。由图 7.60 可知，室外空气温度日平均值受天气状况的影响很明显，晴天（1 月 22 ~ 23 日）的平均气温为 3.6℃，阴天（1 月 24 ~ 26 日）的平均气温为 1.7℃，下雪天（1 月 27 ~ 28 日）的平均气温为 -4.4℃。由图 7.56 可知，晴天的室外气温波动较大，阴天室外气温较低且较稳定，雨雪天气温骤降，达到最低气温。

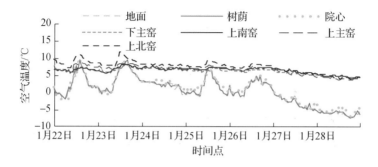

图 7.56　冬季地坑窑院室内外空气温度变化图

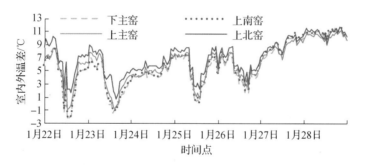

图 7.57　冬季地坑窑院室内外温差变化图

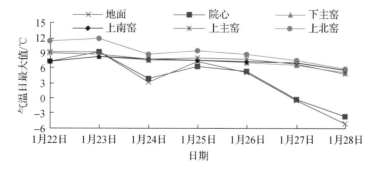

图 7.58　冬季地坑窑院室内外气温日最大值变化图

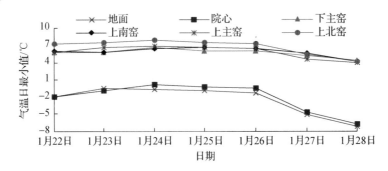

图 7.59　冬季地坑窑院室内外气温日最小值变化图

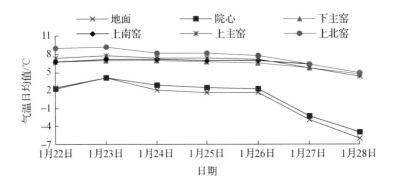

图 7.60　冬季地坑窑院室内外气温日平均值变化图

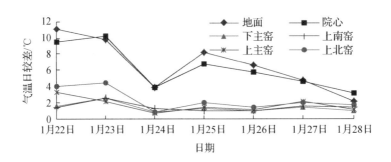

图 7.61　冬季地坑窑室内外气温日较差变化图

由图 7.56 可知,冬季树荫处气温与地面气温几乎相同,充分说明树木在冬季对生土地坑窑院民居周边的热环境几乎没有影响。与夏季监测结果对比可知,植物仅在夏季对生土地坑窑院民居的气候有调节作用。

根据冬季监测结果,冬季的院心气温和地面气温比较接近,院心气温略高于地面气温,说明冬季地坑窑院具有一定的保温作用,但其调节作用没有夏季显著。冬季由于太阳照射较弱,气温过低,地坑窑院的"吸热—储热—放热"等调节作用大大减弱,最终导致地坑窑院的冬季保温作用微弱,隔热作用无法体现。

4 孔不同朝向的地坑窑院冬季室内气温规律一致,数值有差异,晴天时呈现出"上北窑 > 上主窑 > 上南窑 ≈ 下主窑"的规律,上北窑坐北朝南,接受太阳照射的时间最长，所以其室温最高，上主窑坐西朝东，接受太阳照射的时间仅次于上北窑，故其室温仅次于上北窑，而由于方位和天气的原因，上南窑和下主窑几乎一直处于背阴处，所以二者的室温最低；在阴雨天，太阳照射强度很小，4 孔不同朝向窑洞的气温几乎相同。这些充分说明朝向在冬季晴天对生土地坑窑院室温有影响，在阴雨天几乎无影响。与夏季监测结果对比可知，冬季晴天朝向对地坑窑院室内温度的影响比夏季晴天显著。

冬季地坑窑院室温随时间的变化比较稳定，变化范围为 3.9 ～ 11.4℃，室内外温差为 -5.9 ～ 11.9℃，其中最大温差 11.9℃ 出现在 1 月 28 日 18:00，此时室外气温达到最低值，室内气温比室外高 11.9℃，充分体现了地坑窑院的冬季保温功能。由夏季监测结果，夏季室内外气温差值为 -5.6 ～ 10.5℃，可见冬季室内外温差变化幅度大于夏季，说明地坑窑院在冬季对室温的调节作用略大于夏季。

由图 7.61 知，地坑窑院室外气温的日较差为 2.2 ～ 11.1℃，上北窑的日较差为 0.9 ～ 4.1℃，上主窑的日较差为 0.8 ～ 3.3℃，上南窑的日较差为 1.0 ～ 2.6℃，下主窑的日较差为 0.9 ～ 2.5℃。由此可见，地坑窑院室温远远比室外气温稳定，体现了地坑窑院冬季良好的室温调节作用，具有一定的恒温效果。

（2）室内外气温随空间变化规律

以上北窑 1 月 28 日的室内空气温度监测结果为例对冬季地坑窑院室内空气温度在空间上的分布规律进行分析。

图 7.62 为冬季上北窑室内沿进深各测点的气温变化图。由图 7.62 可知，5 处测点的气温随时间变化趋势完全一致，同一时刻的气温值呈现出沿进深由外向内依次升高的趋势。第 5 处测点的气温比第 1 处测点高 0.4 ～ 1.2℃，日平均差值为 0.7℃。

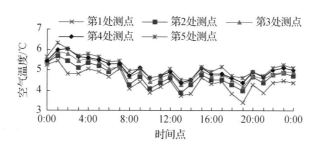

图 7.62 　冬季上北窑室内沿进深各测点的气温变化图

分析表明，冬季室外冷空气与窑洞四周土体的暖辐射形成对流，产生沿进深方向的温度梯度。离门口越近，受外界冷空气的影响越大。地坑窑院除门口位置外，均藏身于大地土体，由于土体的恒温及保温特性，四面土体会对窑室空间产生调节作用，随着进入窑洞的距离增加，测点距室外冷空气越来越远，土体的调节作用越来越明显，测点的气温越来越高，该现象正好与夏季的室温分布规律相反。由此可见，大地土体是维持冬季地坑窑院室温的重要因素，是地坑窑院冬季保温的根源所在。

图 7.63 为冬季上北窑室内不同高度处的气温变化图。由图 7.63 可知，窑洞不同高度处的气温随时间的变化规律完全一致。在同一时刻，不同高度处的气温高低顺序为

0.6m 处 <1.1m 处 <1.7m 处。1.7m 处和 1.1m 处的气温差值为 0.1 ～ 0.4℃，1.1m 处和 0.6m 处的气温差值为 0.6 ～ 1.4℃。可见地坑窑院冬季室内的温度场不均匀，空间位置越高，气温越高，气温变化梯度越小，这与夏季的规律一致，说明无论冬夏，地坑窑院室内气温随高度的变化均主要是由热空气分层引起的。

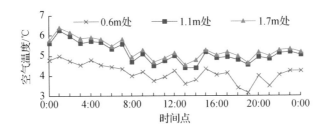

图 7.63　冬季上北窑室内不同高处的气温变化图

综上所述，地坑窑院室内气温在冬季沿进深由外向内依次升高，在夏季由外向内依次降低，可见大地土体是地坑窑院冬暖夏凉、保温隔热的根源。冬夏两季地坑窑院室内气温沿高度均由下向上依次升高，可见热空气分层是造成气温沿高度变化的重要原因。将地坑窑院室内气温沿进深及沿高度方向的气温差值与夏季相应的气温差值对比可知，地坑窑院由外至内、由下至上的气温差值均表现为冬季大于夏季，说明冬季地坑窑院室内的温度场比夏季更不均匀。

2. 地坑窑院和朝阳砖房室内气温对比分析

为了消除朝向的影响，选取坐北朝南的上北窑和朝阳砖房进行室温比较。二者的冬季室内空气温度对比结果如图 7.64 所示。由图 7.64 可知，上北窑和朝阳砖房的室内空气温度随时间的变化趋势完全一致，均受室外地面气温的影响，但二者均远远比室外地面气温稳定，说明地坑窑院和砖房在冬季均具有保温防寒的效果。

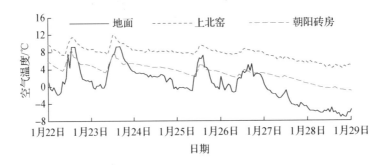

图 7.64　上北窑和朝阳砖房冬季室内空气温度对比图

对比分析可得，冬季监测期间，上北窑的室内气温显著高于朝阳砖房，上北窑的室温为 4.1 ～ 11.9℃，平均为 7.7℃；朝阳砖房室温为 -1.1 ～ 8.5℃，平均为 3.3℃。上北窑的室温比朝阳砖房的室温高 2.7 ～ 5.9℃，平均为 4.4℃。

由此可见，不采取任何采暖措施的生土地坑窑院的冬季室温显著高于朝阳砖房，说明生土地坑窑院的冬季保温性能远远优于普通砖房。

3．地坑窑院有无火炕条件下的室内气温对比分析

为了研究火炕对冬季生土地坑窑院室内热环境的影响，将不带火炕的地坑窑院和带火炕地坑窑院（火炕窑）的室温进行对比分析。由于火炕窑坐东朝西，为了排除朝向的影响，本章选取同为坐东朝西的下主窑与之进行对比（图 7.65）。

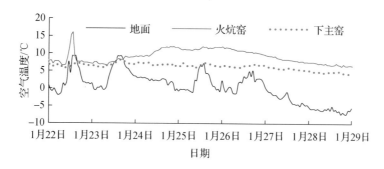

图 7.65　下主窑和火炕窑的冬季室温对比图

图 7.65 为下主窑和火炕窑的冬季室温对比图。由图 7.65 可知，火炕第一次引燃时要烧大量的柴火，导致 1 月 22 日的 9:00 ～ 10:00 的室温产生突变。因为 1 月 22 日和 1 月 23 日每天仅添 1 次柴，且火炕有一个预热、储热过程，所以室温仅略高于下主窑。随着火炕的使用步入正轨，1 月 24 日和 1 月 25 日的火炕窑室温明显高于下主窑，温差为 1.7 ～ 5.6℃，平均温差为 4.2℃，从 1 月 26 日的 1:00 开始，火炕不再燃烧，火炕窑室温逐渐下降，与下主窑的室温差逐渐减小，但仍高于下主窑，说明火炕具有很好的储热蓄热和放热功能。

监测期间，火炕窑的室温为 6.5 ～ 16.1℃，平均值为 9.3℃；下主窑的室温为 4.3 ～ 8.4℃，平均为 6.4℃。火炕窑与室外气温的差值为 -1.4 ～ 13.8℃，平均差值为 8.8℃。火炕窑与下主窑的室温差值为 -0.1 ～ 9.4℃，平均差值为 2.9℃。其中，1 月 24 日和 1 月 25 日的火炕窑与下主窑的室温差为 1.7 ～ 5.6℃，平均温差为 4.2℃。可见，火炕具有很好的"吸热 - 蓄热 - 放热"功效，能显著改善生土地坑窑院冬季的室内热环境。

7.4.2　壁面温度和平均辐射温度

1．无火炕地坑窑院壁面温度和平均辐射温度变化规律

（1）随时间变化规律

生土地坑窑院壁温的变化规律（4 孔窑洞）一致，以上北窑为例（图 7.66）。对壁面温度数据进行处理，得到冬季地坑窑室内平均辐射温度变化图（图 7.67）。

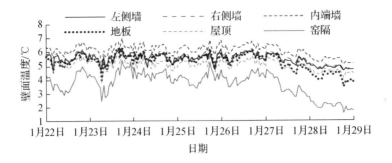

图 7.66　冬季上北窑壁温变化图

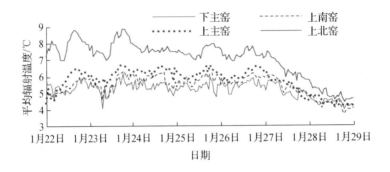

图 7.67　冬季地坑窑院室内平均辐射温度变化图

由图 7.66 分析可知，各墙壁的壁温变化趋势几乎一致，大小有差异，但不足以产生不对称辐射。由对比分析可知，内端墙的壁温最高，左侧墙和右侧墙的壁温大致相等，明显低于内端墙，地板的壁温略低于左右侧墙的壁温，屋顶的壁温一般低于地板的壁温，下雪天略高于地板壁温，窑隔的壁温始终最低。

分析表明，窑隔及屋顶的外表面暴露在室外寒冷空气中，窑隔的厚度远小于屋顶，故保温效果最差。地板虽与大地相连，但因为人们走动会带进凉气和雨雪，所以地板壁温仅高于屋顶，左、右侧墙的另一表面均与相邻窑洞的室内空气接触，故二者壁温较高。内端墙与无限厚的大地土体相连，土体具有很好的调温作用，所以内端墙的壁面温度最高。由此可见，大地土体良好的热工性能是窑洞冬季保温的重要原因，窑隔和屋顶是地坑窑院冬季保温防寒的相对薄弱点，再次佐证了通过增加覆土层厚度可以提高地坑窑院热工性能的科学性。

由图 7.67 可知，冬季 4 孔不同朝向的地坑窑院的平均辐射温度变化规律和大小排序均与室温基本相同。坐北朝南的上北窑的平均辐射温度明显高于其他朝向的地坑窑院，可见太阳辐射对冬季窑室平均辐射温度有显著影响。冬季窑室平均辐射温度变化范围为 3.7～8.9℃，平均比室温低 1.0℃，最多比室温低 3.9℃，相关研究表明，舒适的空气温度与平均辐射温度的差值不得超过 7℃。由此可见，地坑窑院冬季室内平均辐射温度与室温差值远远满足热舒适要求。

（2）随空间变化规律

为了对地坑窑院室内壁温进行全面研究，以 1 月 28 日的上北窑室内壁温监测结果为例对冬季地坑窑院壁温在空间上的分布规律进行分析。

图 7.68 是冬季上北窑左侧墙沿进深各测点的壁温变化图，图 7.69 为冬季上北窑右侧墙沿进深各测点的壁温变化图。对比分析图 7.68 和图 7.69 可知，左右侧墙的壁温沿进深的变化规律完全相同，与室内气温的规律相同，与夏季侧墙壁温的规律相反，沿进深向内依次升高。左右侧墙对应测点处的壁温大小非常相近，侧墙壁温变化范围为 7.3～3.8℃，5 个测点的最大壁温差为 2.0℃。

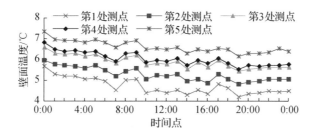

图 7.68　冬季上北窑左侧墙沿进深各测点的壁温变化图

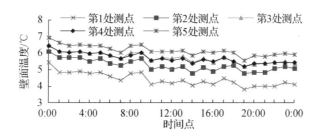

图 7.69　冬季上北窑右侧墙沿进院深各测点的壁温变化图

分析表明，壁面温度场的形成原因与气温相同，第 1 处壁温测点由于接近门口，受寒冷空气的影响最大，壁温最低，第 5 处测点由于距门口最远，距离无限大的恒温土体最近，壁温受土体的影响远大于冷空气，所以壁温最高。第 2、第 3 和第 4 处测点由于既不与室外相连，又不与后部土体相连，受室外冷空气及土体的调节作用均较小，壁温比较接近，变化较稳定。这说明大地土体是调节冬季地坑窑院侧墙壁温的重要因素。

图 7.70 为冬季上北窑左侧墙沿高度各测点的壁温变化图，图 7.71 为冬季上北窑右侧墙沿高度各测点的壁温变化图。由图 7.70 和图 7.71 可知，左、右侧墙的壁温沿高度的变化规律相同，随高度的增加而增加，与室温的分布规律一致，由此可见，壁温与空气温度呈一定的正相关关系。

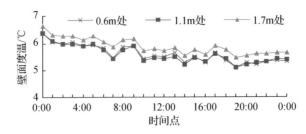

图 7.70 冬季上北窑左侧墙沿高度各测点的壁温变化图

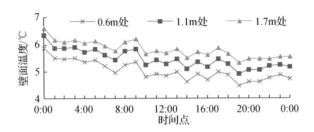

图 7.71 冬季上北窑右侧墙沿高度各测点的壁温变化图

图 7.72 为冬季上北窑内端墙沿高度各测点的壁温变化图，由图 7.72 可知，冬季内端墙的壁温沿高度的变化规律与夏季时一致，高度越高，壁温越高。0.6m 处和 1.1m 处的壁温差值明显大于 1.1m 处和 1.7m 处的壁温差值，可见内端墙的壁温在底部的变化较大，但没有夏天时的变化显著。

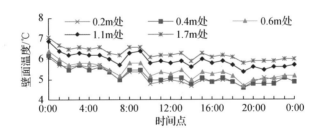

图 7.72 冬季上北窑内端墙沿高度各测点的壁温变化图

图 7.73 为冬季上北窑地板沿进深各测点的壁温变化图。由图 7.73 可知，地板各测点的壁温随时间的变化规律完全一致，同一时刻各测点壁温沿进深由外至内依次升高，第 1 处与第 2 处测点间的变化量明显大于第 2、第 3、第 4、第 5 处测点间的变化量。分析表明，冬季壁温变化的原理与夏季相似，壁温受室外冷空气和窑洞后方无限大土体的调温作用，二者的交互作用导致地板壁温呈现上述规律。

图 7.74 为冬季上北窑屋顶沿进深各测点的壁温变化图。由图 7.74 可知，屋顶各测点的壁温随时间的变化规律完全一致，与室温的变化规律相同。同一时刻，屋顶壁温沿进深方向由外向内依次升高，该规律与地板壁温、侧墙壁温及室温沿进深的变化规律均完全一致。

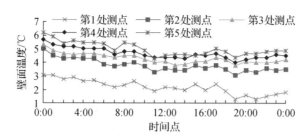

图 7.73　冬季上北窑地板沿进深各测点的壁温变化图

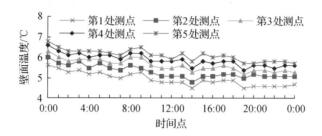

图 7.74　冬季上北窑屋顶沿进深各测点的壁温变化图

比较图 7.73 和图 7.74 可知，屋顶壁温明显高于对应地板处的壁温，二者壁温差值为 0.6 ～ 3.3℃，日平均差值为 1.6℃。由分析可知，热空气上浮，上部较高的气温使壁温也较高，再次说明室内气温对壁温的决定性作用。

图 7.75 为冬季上北窑窑顶沿进深各测点的壁温变化图。室外为雨雪天气，同一时刻 5 个测点处的室外壁面温度大致相同。将图 7.74 和图 7.75 对比分析可知，室内屋顶的壁面温度显著高于室外窑顶的壁面温度，二者壁温差值为 8.5 ～ 14.1℃，日平均差值为 11.2℃，充分证明窑顶覆土层具有良好的保温性能。

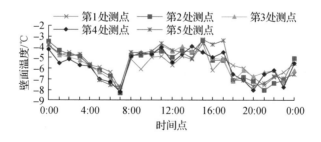

图 7.75　冬季上北窑窑顶沿进深各测点的壁温变化图

图 7.76 为冬季上北窑窑隔内外表面各测点的壁温变化图。由图 7.76 可知，内表面的壁温显著高于外表面，内外表面壁温差值为 5.1 ～ 7.5℃，日平均差值为 6.6℃，远小于屋顶内外表面的壁温差值。由分析表明，窑隔的厚度远小于屋顶的覆土层，所以窑隔的保温性能弱于屋顶。窑隔内表面和外表面均呈现出砖墙处的壁温低于土墙，内表面的砖墙比土墙壁温低 0.5 ～ 1.1℃，外表面的砖墙比土墙壁温一般低 0.1 ～ 1.2℃，

再次表明砖墙的比热容小于土墙。土墙内外表面测点的壁温差为5.4～7.6℃，平均为6.7℃。砖墙内外表面测点的壁温差为4.7～7.4℃，平均为6.5℃。这说明墙体材料对壁温有很大影响，墙厚是冬季墙体保温的一个重要影响因素。

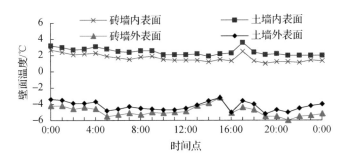

图7.76　冬季上北窑窑隔内外表面各测点的壁温变化图

2. 有火炕的地坑窑院壁面温度变化规律

（1）随时间变化规律

图7.77为火炕窑冬季室内各壁温变化图。由图7.77可知，火炕上表面的壁温的变化幅度大，最高为26.8℃，最低为7.1℃，平均为14.7℃。在1月23～25日，因为烧火炕，所以火炕壁温较高，1月26日的1:00开始不再烧火炕，火炕的壁温呈稳步下降趋势，到1月27日的12:00，火炕壁温几乎与火炕窑各壁面的温度相等，说明火炕的余热基本上释放完毕，放热过程完成。

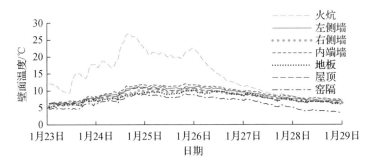

图7.77　火炕窑冬季室内各壁温变化图

火炕窑各墙壁的壁温变化趋势完全一致，壁温大小有差异。对比分析知，当火炕散热时，呈现出"内端墙＞左侧墙＞屋顶＞右侧墙＞地板＞窑隔"的规律，与无火炕窑室的"内端墙＞左侧墙≈右侧墙＞地板＞屋顶＞窑隔"规律不同。分析可知，因为火炕与内端墙和左侧墙相接，并且内端墙距门口最远，所以内端墙的壁温最高；因为火炕的传热作用，与其相连的左侧墙的壁面温度明显高于右侧墙；屋顶虽然与外界冷空气相连，但由于和火炕上表面相对，基于热辐射的作用，火炕窑屋顶的壁温仅次于左侧墙；窑隔由于外表面暴露在室外寒冷空气中，所以壁温最低。当火炕不再散热时，室内各壁面温度的排序为"内端墙＞左侧墙≈右侧墙＞地板＞屋顶＞窑隔"，与无火炕窑室的规律相同。由此可见，火炕是有效的采暖措施，能够提高室内壁温的舒适性。

（2）随空间变化规律

为了研究火炕窑室内各墙壁的壁温随空间的分布规律，考虑到火炕的燃烧使用具有周期性，选取 7d 的监测数据进行分析。

图 7.78 为火炕上表面沿长度各测点的壁温变化图。由图 7.78 可知，火炕在使用时，壁温的大小和变化幅度的排序均为炕头＞炕中＞炕梢，炕头壁温为 6.7 ～ 40.5℃。炕中壁温为 7.3 ～ 27.5℃，炕梢壁温为 7.3 ～ 14.0℃。该现象与火炕的构造直接相关。

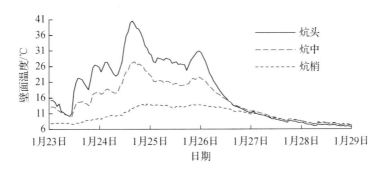

图 7.78　火炕上表面沿长度各测点的壁温变化图

图 7.79 为火炕窑左侧墙沿进深各测点的壁温变化图。由图 7.79 可知，当无火炕作用时，室内左侧墙的壁温沿进深由外至内依次升高，与无火炕的地坑窑院的变化规律相同，当烧火炕时，左侧墙的壁面温度沿进深的变化有所改变，呈现出"第 1 处测点＜第 2 处测点＜第 3 处测点＜第 5 处测点＜第 4 处测点"的趋势。分析表明，第 4 处测点距离壁温较高的炕头较近，炕头的热辐射导致第 4 处测点的壁温高于第 5 处测点。可见，火炕的对壁温的调节作用很明显。

图 7.80 为火炕窑右侧墙沿进深各测点的壁温变化图。由图 7.80 可知，右侧墙的壁温始终呈现出"第 1 处测点＜第 2 处测点＜第 3 处测点＜第 4 处测点≈第 5 处测点"，该规律与无火炕的地坑窑院的区别主要体现在第 4 处测点和第 5 处测点，其原因与左侧墙的相似，火炕的热辐射会提高第 4 处测点的壁温，但右侧墙距火炕较远，火炕对右侧墙第 4 处测点的作用小于左侧墙，致使第 4、5 处测点壁温大致相等。

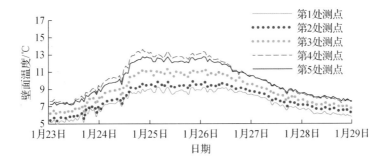

图 7.79　火炕窑左侧墙沿进深各测点的壁温变化图

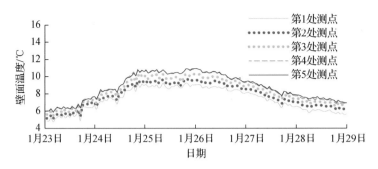

图 7.80　火炕窑右侧墙沿进深各测点的壁温变化图

图 7.81 和图 7.82 分别为火炕窑左、右侧墙沿高度各测点的壁温变化图。左侧墙壁温沿高度呈现由低到高依次降低的规律。分析表明,位置越低,离火炕越近,壁温越高。右侧墙由于距火炕较远,受火炕的影响较小,呈现出"0.6m 处壁温 >1.1m 处壁温 >1.7m 处壁温"的规律。由此可见,火炕对侧墙壁温沿高度分布规律的调节作用非常明显。

图 7.83 和图 7.84 分别为火炕窑地板及屋顶沿进深各测点的壁温变化图。由图 7.83 和图 7.84 可知,监测期间,地板和屋顶的壁温均呈现出"第 1 处测点 < 第 2 处测点 < 第 3 处测点 < 第 4 处测点≈第 5 处测点"的规律,原因与左右侧墙相同,火炕的上表面与屋顶相对,对屋顶形成热辐射,屋顶的壁温明显高于地板壁温。上述现象均体现了火炕对冬季地坑窑院室内壁面温度的调节作用。

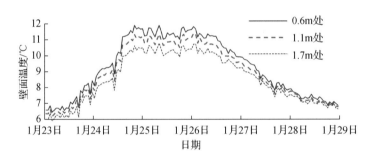

图 7.81　火炕窑左侧墙沿高度各测点的壁温变化图

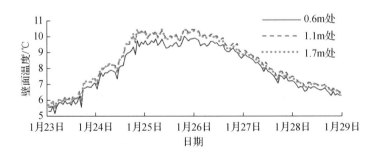

图 7.82　火炕窑右侧墙沿高度各测点的壁温变化图

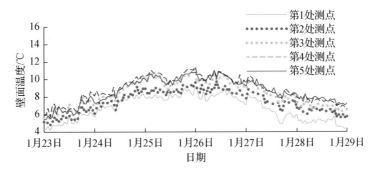

图 7.83　火炕窑地板沿进深各测点的壁温变化图

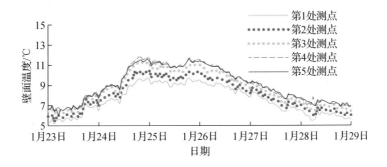

图 7.84　火炕窑屋顶沿进深各测点的壁温变化图

　　图 7.85 为火炕窑内端墙沿跨度各测点的壁温变化图。由图 7.85 可知，内端墙壁温呈现出"中＞左＞右"的规律。分析表明，内端墙的中部因为有火炕的烟囱，故而壁温最高，而左半部分直接与炕梢相连，所以高于右侧部分。

　　图 7.86 为火炕窑内端墙沿高度各测点的壁温变化图。由图 7.86 可知，内端墙壁温沿高度由低到高依次降低，与无火炕窑的规律刚好相反。由分析可知，由于内端墙下部有火炕，高度越低，距火炕越近，壁温越高，可见火炕对壁面温度的调节作用非常显著。

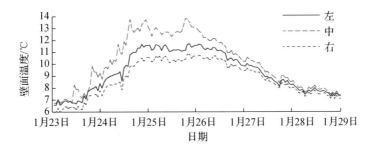

图 7.85　火炕窑内端墙沿跨度各测点的壁温变化图

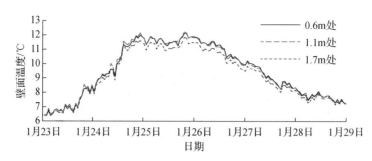

图 7.86　火炕窑内端墙沿高度各测点的壁温变化图

　　图 7.87 为火炕窑窑隔内外表面各测点的壁温随时间的变化图。由图 7.87 可知，窑隔内表面的壁温为 3.5 ～ 9.1℃，平均为 6.6℃。外表面的壁温为 -5.3 ～ 5.5℃，平均为 0.1℃。二者最大温差为 9.7℃，远远大于无火炕窑的内外温差，再次说明火炕可以调节地坑窑院冬季室内壁温，提高窑隔的内表面壁温，降低窑隔冬季保温的相对薄弱程度。

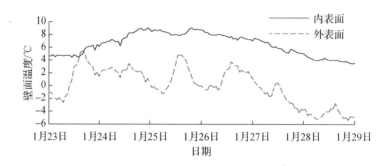

图 7.87　火炕窑窑隔内外表面各测点的壁温随时间的变化图

7.4.3　相对湿度监测结果分析

1. 地坑窑院室内外相对湿度对比分析

（1）随时间变化规律

　　图 7.88 为冬季地坑窑院室内外相对湿度变化图。由图 7.88 可知，室外相对湿度在晴天呈现出周期为 24h 的简谐波形式，其变化规律与室外气温正好相反，室外气温最高时相对湿度最低，气温最低时相对湿度最高，这与夏季的研究结果相同。在阴雨天，室外相对湿度较大且比较稳定。室内相对湿度在晴天大于室外相对湿度；在阴雨天一般小于室外相对湿度。

　　冬季 4 孔地坑窑院的相对湿度呈现出"下主窑 > 上南窑 > 上主窑 > 上北窑"的规律，且变化均比夏季小。由统计可知，4 孔窑洞冬季晴天的相对湿度变化范围为 35.9% ～ 58.9%，均值为 48.3%；冬季雨雪天的相对湿度变化范围为 47.8% ～ 65.6%，均值为 58.4%。根据规范要求，我国舒适的民用建筑室内空气相对湿度为 30% ～ 70%。由此可见，无论天气如何，冬季地坑窑院室内的相对湿度均能满足热舒适要求。

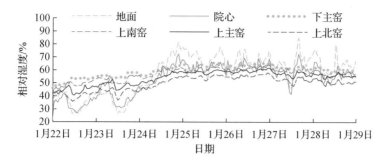

图 7.88　冬季地坑窑院室内外相对湿度变化图

（2）随空间变化规律

为了对生土地坑窑院的室内相对湿度进行充分的研究，本章以 1 月 28 日上北窑室内相对湿度的监测数据为例分析地坑窑院冬季室内相对湿度的空间分布规律。

图 7.89 为冬季上北窑沿进深各测点的相对湿度变化图。由图 7.89 可知，进深方向上的各测点相对湿度随时间的变化规律一致。同一时刻，相对湿度沿进深的总体变化趋势是由外向内依次降低。分析表明，1 月 28 日为雨雪天气，室外相对湿度大，所以距室外越近相对湿度越大。

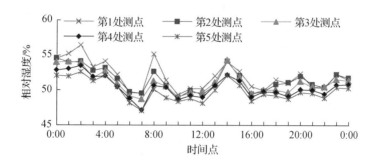

图 7.89　冬季上北窑沿进深各测点的相对湿度变化图

图 7.90 为冬季上北窑沿高度各测点的相对湿度变化图。由图 7.90 可知，同一时刻，相对湿度在高度方向上遵循由下向上依次减小的规律，与夏季规律一致，但没有夏季明显。分析表明，相对湿度与空气温度呈负相关关系，气温越高，相对湿度越小。

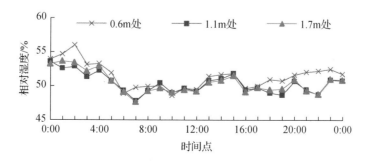

图 7.90　冬季上北窑沿高度各测点的相对湿度变化图

2. 地坑窑院与朝阳砖房室内相对湿度对比分析

为消除朝向的影响，本章选取坐北朝南的上北窑和朝阳砖房进行室内相对湿度的比较分析。图 7.91 为上北窑和朝阳砖房的冬季室内相对湿度对比图。由图 7.91 可知，在晴天情况下白天上北窑和朝阳砖房的室内相对湿度的变化趋势与室外一致，湿度较小，但仍高于室外湿度。阴雨天上北窑和朝阳砖房的室内相对湿度均较平稳，显著低于室外相对湿度。

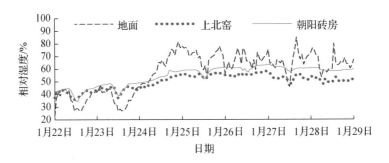

图 7.91   上北窑和朝阳砖房的冬季室内相对湿度对比图

朝阳砖房和上北窑的相对湿度变化趋势完全一致，但上北窑的相对湿度始终低于朝阳砖房，最大差值为 10.7%，平均差值为 4.5%。由此可见，人们对地坑窑院湿度大的传统认识不太准确。

3. 地坑窑院有无火炕条件下室内相对湿度对比分析

图 7.92 为下主窑和火炕窑的冬季室内相对湿度对比图。由图 7.92 可知，1 月 22 日火炕窑的相对湿度变化规律大致与室外相对湿度变化规律相同。1 月 22 日的 9:00 开始烧炕，火炕窑的相对湿度开始骤降，随着柴火的耗尽，相对湿度自 16:00 开始逐渐回升，与火炕窑室内气温的变化规律正好相反。

监测期间，火炕窑的相对湿度为 31.2% ～ 61.2%，平均为 54.1%。火炕窑的相对湿度始终低于下主窑，平均差值为 5.4%。这说明火炕能够稍微降低冬季地坑窑院的相对湿度，使冬季地坑窑院室内的相对湿度更加舒适。

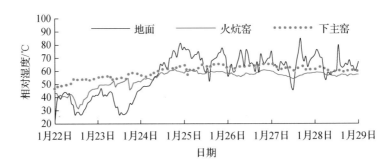

图 7.92   下主窑和火炕窑的冬季室内相对湿度对比图

7.4.4　风速监测结果分析

图 7.93 和图 7.94 分别为冬季地坑窑院室外和室内风速变化图。由图 7.93 可知，与夏季一致，冬季室外风速的变化仍无明显规律，说明风速有很大偶然性。冬季雨雪及阴雨天时室外风速明显大于晴天，对比可知，冬季室外的最大风速明显大于夏季的室外最大风速。院心风速远小于地面风速，地面风速变化范围较大，为 $0.00 \sim 5.02m/s$，均值为 $1.08m/s$；院心风速小而稳定，为 $0.03 \sim 1.50m/s$，均值为 $0.40m/s$。

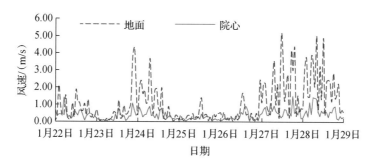

图 7.93　冬季地坑窑院室外风速变化图

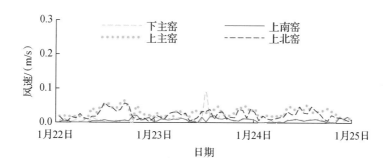

图 7.94　冬季地坑窑院室内风速变化图

由图 7.94 可知，冬季 4 孔窑洞的室内风速均非常小，几乎为零。分析表明，在冬季，为了符合人们的生活习性，使监测结果更具合理性，监测期间均关门监测，导致室内无法很好地通风，故室内风速可以忽略，不再对其进行进一步的研究。

7.4.5　照度监测结果分析

1. 随时间变化规律

图 7.95 和图 7.96 分别为冬季地坑窑院室外和室内照度变化图。由图 7.95 可知，室外地面照度和院心照度随时间的变化趋势一致，即使雨雪天气，照度变化仍遵循太阳轨迹，其日最大值均出现在每天的 11:00 ~ 14:00。地面照度明显大于院心照度。

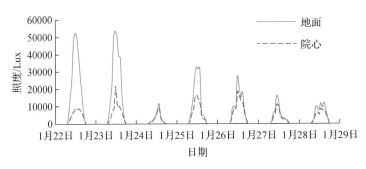

图 7.95　冬季地坑窑院室外照度变化图

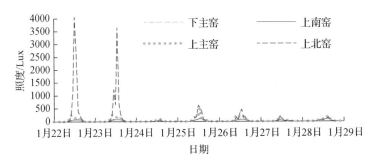

图 7.96　冬季地坑窑院室内照度变化图

对比图 7.95 和图 7.96 可知，室内照度明显小于室外照度，二者变化趋势一致。朝向对窑室照度有显著的影响，上北窑坐北朝南，晴天时照度变化最大，中午时照度明显高于其他窑室，舒适性最好；上南窑背阳，照度最低。阴雨天时，各朝向的窑室照度几乎相等；冬季的室内外照度值均小于夏季。

相关研究表明，100 ～ 2000Lux 为舒适照度范围。由统计分析知，冬季晴天时，各朝向地坑窑院均能满足照度舒适要求；阴雨天时，仅上主窑能满足照度要求，而其他 3 孔窑洞尚不能满足要求，需要一定的改进措施。

2. 随空间变化规律

为了对生土地坑窑院的室内照度进行充分研究，本章以 1 月 28 日的上北窑室内照度的监测数据为例研究了生土地坑窑院冬季室内照度的在空间上的分布规律。

图 7.97 为冬季上北窑沿进深各测点的照度变化图。由图 7.97 可知，冬季地坑窑院室内各测点的照度差异较小，仍由外至内依次减小，越往内照度变化越平缓。与夏季监测结果相比，变化规律一致，但冬季的室内照度远小于夏季的室内照度。

图 7.98 为冬季上北窑沿高度各测点的照度变化图。由图 7.98 可知，下雪天地坑窑院室内照度沿高度的变化较小，但仍呈现出"0.6m 处 >1.1m 处 >1.7m 处"的规律，分析表明，与夏季规律一致，位置越低，室外光线的入射角越大，能够接受的光照就越多，照度越大。

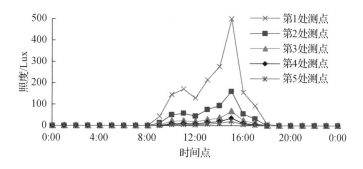

图 7.97　冬季上北窑沿进深各测点的照度变化图

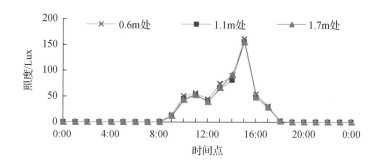

图 7.98　冬季上北窑沿高度各测点的照度变化图

7.4.6　冬季监测结果分析结论

本章通过对生土地坑窑院冬季室内外热环境的监测与分析，揭示了生土地坑窑院冬季保温特性，证明了冬季生土地坑窑院同样具有很好的能源自维持特性。

1）冬季自然状态下的生土地坑窑院室内气温显著高于室外气温，远远比室外气温稳定，室内外温差非常大，说明地坑窑院冬季具有良好的冬季保温及恒温等能源自维持特性。在空间上，室内空气温度由外向内依次升高，由下向上依次升高。并且朝向对生土地坑窑院冬季晴天时的室温有一定影响。

2）冬季生土地坑窑院室内的不对称辐射和平均辐射温度满足舒适要求，朝向对窑室平均辐射温度有明显影响。室内壁温由外向内依次升高，由下向上依次升高，室内屋顶的壁温显著高于室外窑顶的壁温，说明厚厚的覆土层有很好的保温效果，大地土体良好的热工性能是窑洞冬季保暖的重要原因。

3）冬季生土地坑窑院室内相对湿度比夏季稳定，室内相对湿度变化幅度明显小于室外相对湿度，无论天气如何，冬季地坑窑院室内的相对湿度均能满足热舒适要求。在空间上，室内相对湿度由外向内依次降低，由下向上依次降低。

4）冬季室外最大风速明显大于夏季，风速无明显规律。冬季生土地坑窑院在关门情况下的室内风速可忽略不计。

5）冬季生土地坑窑院室内外照度变化规律一致，照度值均小于夏季。地面照度明显大于院心照度，室内照度明显小于室外照度。朝向对窑室照度有显著影响。冬季晴天的室内照度均满足照度舒适性要求，阴雨天尚不能满足要求，需要一定的改进措施。在空间上，室内照度由外向内依次减小，由下向上依次减小。

6）冬季地坑窑院的气温略高于地面气温，风速远小于地面风速，充分说明地坑窑院冬季也具有一定的调温、防风等气候微调节功能。

7）不采取任何采暖措施的生土地坑窑院的冬季室温显著高于朝阳砖房，相对湿度始终小于朝阳砖房，说明冬季地坑窑院的保温及防潮性能均优于朝阳砖房。

8）有火炕地坑窑院的冬季室内气温显著高于无火炕的地坑窑院，相对湿度低于无火炕地坑窑院。这说明火炕能够通过热辐射显著影响生土地坑窑院室内气温和壁温的分布规律，是有效的采暖措施，能针对地坑窑院保温防寒的薄弱点来提高窑洞热工性能，进一步改善生土地坑窑院冬季室内热环境。

参 考 文 献

[1] 侯继尧，任致远，周培南，等. 窑洞民居 [M]. 北京：中国建筑工业出版社，1989.

[2] 张钰晨，王珊. 视平线下的建筑：地坑院 [J]. 华中建筑，2016（1）：162-166.

[3] 荆其敏，张丽安. 中外传统民居 [M]. 天津：百花文艺出版社，2004.

[4] 刘东生，等. 中国的黄土堆积 [M]. 北京：科学出版社，1985.

[5] 侯继尧，王军. 中国窑洞 [M]. 郑州：河南科学技术出版社，1999.

[6] 刘东生，等. 黄土的物质成分和结构 [M]. 北京：科学出版社，1966.

[7] 中国科学院自然科学史研究所. 中国古代建筑技术史 [M]. 北京：科学出版社，1985.

[8] 严文明. 论庙底沟仰韶文化的分期 [J]. 考古学报，1965（2）：49-78.

[9] 罗杨. 中国地坑窑院文化之乡：河南陕县 [M]. 郑州：大象出版社，2009.

[10] 王其钧. 中国民居 [M]. 北京：中国电力出版社，2012.

[11] 赵恩彪. 原生态视野下的豫西窑洞传统民居研究 [D]. 上海：上海交通大学，2010.

[12] 曹源，张琰鑫. 地坑窑尺寸设计及其对力学性能的影响 [J]. 建筑科学，2012（s1）：103-107.

[13] 童丽萍，张琰鑫，崔金晶. 村镇生土结构住宅质量通病及治理技术 [M]. 北京：中国建筑工业出版社，2015.

[14] 李秋香. 窑洞民居的类型布局及建造 [J]. 建筑史论文集，2000（2）：149-157.

[15] 童丽萍，张晓萍. 生土窑居的存在价值探讨 [J]. 建筑科学，2007，23（12）：7-9.

[16] 马成俊. 下沉式窑洞民居的传承研究和改造实践 [D]. 西安：西安建筑科技大学，2009.

[17] 童丽萍，张晓萍. 濒于失传的生土窑居营造技术探微 [J]. 施工技术，2007，36（11）：63-67.

[18] 刘源. 通风系统对地坑窑结构性能影响的研究 [D]. 郑州：郑州大学，2010.

[19] 童丽萍，刘俊利. 生土地坑窑入口门洞的构成及受力机理分析 [J]. 结构工程师，2018，34（6）：47-57.

[20] 刘子奇. 照壁的艺术文化内涵研究 [D]. 长沙：中南林业科技大学，2013.

[21] 童丽萍，张琰鑫，刘瑞晓. 传统窑洞民居的保护与传承价值研究 [C]// 中国建筑学会，中国民族建筑研究会，中国文物学会. 第十六届中国民居学术会议论文集（下）. 广州：华南理工大学出版社，2008.

[22] 童丽萍，赵自东. 生土窑居的生态特性研究 [J]. 郑州大学学报（理学版），2007，39（4）：174-177.

[23] 童丽萍，柳帅军. 减法负荷生土地坑窑结构的非线性有限元分析 [J]. 建筑科学与工程学报，2011，28（2）：14-20.

[24] 童丽萍，韩翠萍. 黄土窑居自支撑结构体系的研究 [J]. 四川建筑科学研究，2009，35（2）：71-74.

[25] 童丽萍，韩翠萍. 黄土材料和黄土窑居构造 [J]. 施工技术，2008，37（2）：107-108.

[26] 计成. 园冶注释 [M]. 北京：中国建筑工业出版社，2009.

[27] 陈瑞芳. 地坑窑民居传统营造中的科学性研究 [D]. 郑州：郑州大学，2011.

[28] 童丽萍，陈瑞芳. 地坑窑院中拦马墙的传统营造 [J]. 建筑科学，2010，26（12）：73-78.

[29] 童丽萍，谷鑫蕾. 豫西地坑窑院防水患机制及运行有效性分析 [J]. 建筑科学，2017，33（10）：188-194.

[30] 曹源，童丽萍，赵自东. 传统地坑窑居水循环系统的研究 [J]. 郑州大学学报（理学版），2009，41（3）：85-88.

[31] 唐丽，徐辉，刘若瀚. 豫西地坑窑院构造技术探讨 [J]. 四川建筑科学研究，2012（4）：216-219.

[32] 付海龙. 试论中原地区商代的水井 [D]. 北京：中央民族大学，2015.

[33] 曹源，童丽萍. 地坑窑居中"炕"的功能和构造研究 [J]. 建筑科学，2009，25（6）：12-15.

[34] 张晓娟. 豫西地坑窑居营造技术研究 [D]. 郑州：郑州大学，2011.

[35] 张晓娟，唐丽. 地坑院拦马墙及眼睫毛的构造技术做法：以陕县凡村为例 [J]. 华中建筑，2010（7）：186-189.

[36] 刘俊利. 生土地坑窑入口门洞的受力变形分析 [D]. 郑州：郑州大学，2017.

[37] 任俊龙. 豫西陕县地坑窑居的适宜性保护与更新 [D]. 郑州：郑州大学，2011.

[38] 许多. 三门峡陕县下沉式窑洞保护研究 [D]. 西安：西安建筑科技大学，2009.

[39] 秦嘉庆. 三门峡陕县窑洞民居保护与发展研究 [D]. 西安：长安大学，2010.

[40] 王徽，杜启明，张新中，等. 窑洞地坑院营造技艺 [M]. 合肥：安徽科学技术出版社，2013.

[41] 郑青. 黄土塬上的地下村落河南陕县地坑窑 [J]. 室内设计与装修，2008（4）：110-113.

[42] 陈荣耀，吕良. 炕连灶技术讲座 [J]. 可再生能源，1987（1）：11-12.

[43] 毛立慧. 窑脸装饰艺术研究 [D]. 长沙：中南林业科技大学，2011.

[44] 梁思成. 清式营造则例 [M]. 北京：清华大学出版社，2006.

[45] 鲁杰. 中国古建筑艺术大观：1 门窗艺术卷 [M]. 成都：四川人民出版社，1995.
[46] 孙晓毅，张晨阳. 地域文化影响下的豫西民间剪纸艺术探析 [J]. 福州大学厦门工艺美术学院学报，2015（2）：75-77.
[47] 吴卫，谢俊陶. 论传统建筑装饰艺术符号门簪 [J]. 包装学报，2012，4（4）：78-81.
[48] 尚根荣. 群文沉思录 [M]. 深圳：中国图书出版社，2011.
[49] 冯骥才. 中国民间剪纸集成：豫西卷 [M]. 石家庄：河北教育出版社，2009.
[50] 陈增弼. 太师椅考 [J]. 文物，1983（8）：84-88.
[51] 陈改静，朱晓冬，刘玉，等. 浅析鲁西南地区农村八仙桌的纹样研究 [J]. 家具，2015，36（5）：86-90.
[52] 吴少华. 古典家具：桌 [J]. 上海工艺美术，2003（2）：71-74.
[53] 郑真. 长江三峡地区民间脸盆架的美学思想与民俗内涵探微 [J]. 美术观察，2015（11）：128-129.
[54] 童丽萍，韩翠萍. 传统生土窑洞的土拱结构体系 [J]. 施工技术，2008（6）：113-118.
[55] 郭平功，童丽萍. 黄土力学参数的相关性对生土窑居可靠度的影响 [J]. 河南科技大学学报（自然科学版），2013，34（5）：59-63.
[56] 郭平功，童丽萍. 生土窑居参数灵敏度分析的新方法 [J]. 西安建筑科技大学学报（自然科学版），2013，45（2）：216-221.
[57] 柳帅军，童丽萍. 生土地坑窑结构坍塌破坏判断指标的确定 [J]. 广西大学学报（自然科学版），2012，37（4）：607-613.
[58] 童丽萍，赵龙. 生土窑居窑顶坍塌阶段划分及修复方法研究 [J]. 施工技术，2016，45（18）：128-132.
[59] 郭平功. 基于响应面法的生土窑居可靠度分析 [D]. 郑州：郑州大学，2014.
[60] 李海负. 黄土高原上的姜石 [J]. 地球，1995（3）：12-13.
[61] 滕宏志，刘荣谟，陈苓，等. 中国黄土地层中的钙质结核研究 [J]. 科学通报，1990（13）：1008-1011.
[62] 王亚博. 料姜石对豫西生土窑洞结构性能影响 [D]. 郑州：郑州大学，2017.
[63] 刘永涛，李宗利. 降水入渗对黄土窑洞稳定性的影响 [J]. 人民黄河，2010（5）：98-100.
[64] 滕宏泉，范立民，向茂西，等. 陕北黄土梁峁沟壑区地质灾害与降雨关系浅析：以陕北延安地区 2013 年强降雨引发地质灾害为例 [J]. 地下水，2016（1）：155-157.
[65] 赵龙. 降雨入渗对生土窑居结构性能的影响研究 [D]. 郑州：郑州大学，2017.
[66] 任震英. 中国窑洞建筑的春天 [J]. 地下空间，1989（4）：7-14.
[67] 曲飞. 传统古建聚落自然条件下热环境实测分析与评价：以江苏宜兴丁蜀古南街为例 [D]. 合肥：合肥工业大学，2013.
[68] 童丽萍，张琰鑫，刘瑞晓，等. 生土窑居的民间营造技术探讨 [C]// 西安建筑科技大学，中国民族建筑研究会民居建筑专业委员会. 第十五届中国民居学术会议论文集. 西安：西安建筑科技大学出版社，2007.
[69] 吴蔚，王军，吴农，等. 下沉式窑居现状研究和展望 [C]// 西安建筑科技大学，中国民族建筑研究会民居建筑专业委员会. 第十五届中国民居学术会议论文集. 西安：西安建筑科技大学出版社，2007.
[70] 唐丽，任俊龙. 探寻生态窑居之迷：豫西生土民居的冬季室内环境营造 [J]. 中华民居，2012（4）：78-85.
[71] 唐丽，李光. 生态学视角下地坑院节能改造技术探讨：以三门峡陕县为例 [J]. 建筑科学，2011，27（2）：74-77.
[72] 许春霞. 生土地坑窑室内外热环境的监测与分析 [D]. 郑州：郑州大学，2012.
[73] 童丽萍，许春霞. 生土地坑窑民居夏季室内外热环境监测与评价 [J]. 建筑科学，2015，31（2）：9-14.
[74] 朱佳音，童丽萍. 豫西地区下沉式生土窑居冬季热性能研究 [J]. 建筑科学，2016，32（8）：99-105，126.
[75] 童丽萍，许春霞. 生土地坑窑冬季室内外热环境监测与对比分析 [J]. 建筑科学，2016，32（2）：10-17.